丛书阅读指南

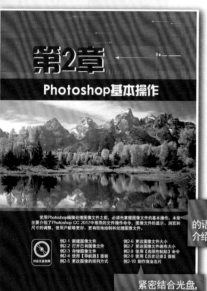

第2章
Photoshop基本操作

使用Photoshop编辑处理图像文件之前，必须先掌握图像文件的基本操作。本章主要介绍了Photoshop CC 2017中常用的文件操作命令、图像文件的显示、润色和尺寸的调整，使用户能够更好、更有效地绘制处理图像文件。

例2-1 新建图像文件　　例2-6 更改图像文件大小
例2-2 打开已有图像文件　例2-7 更改图像文件布局方式
例2-3 存储图像文件　　　例2-8 使用【导航器】面板
例2-4 使用【导航器】面板　例2-9 使用【历史记录】面板
例2-5 更改图像的排列方式　例2-10 制作商业名片

教学视频
紧密结合光盘，列出本章有同步教学视频的操作案例。

章首导读
以言简意赅的语言表述本章介绍的主要内容。

2.2 实例概述

实例概述
简要描述实例内容，同时让读者明确该实例是否附带教学视频或源文件。

图像窗口的显示比例、移动画面的显示区域，以便于缩放窗口的工具和命令，如切换屏幕显示模式。

单击【缩小】按钮，可缩小图像在窗口中的显示比例。用户也可以使用缩放比例滑块，调整图像文件窗口的显示比例。向右移动缩放比例滑块，可以增大画面的显示比例；向左移动缩放比例滑块，可以减小画面的显示比例。在调整画面显示比例的同时，画框中的色矩形框大小也会进行相应的缩放。

【例2-4】在Photoshop CC 2017中，使用【导航器】面板查看图像。
(光盘素材\第02章\例2-4)

[01] 选择【文件】|【打开】命令，选择打开图像文件，选择【窗口】|【导航器】命令，打开【导航器】面板。

2.2.2 使用【缩放】工具查看

在图像编辑处理的过程中，经常需要对编辑的图像缩放地进行放大或缩小显示，以便对图像画面进行显示。在Photoshop中调整图像画面的显示，可以使用【缩放】工具，【视图】菜单中的相关命令。使用【缩放】工具可放大或缩小图像，使用【缩放】工具时，每单击一次都会将

操作步骤
图文并茂，详略得当，让读者对实例操作过程轻松上手。

5.4 图章工具

在Photoshop中，使用图章工具组中的工具也可以通过提取图像中的像素样本来编辑图像。【仿制图章】工具可以将取样的图像应用到其他图像或同一图像的另一位置复制源图像，也可以去除图像中的缺陷。

[01] 选择【仿制图章】工具，在控制面板中设置一种画笔样式，在【样本】下拉列表中选择【所有图层】。

[02] 按住Alt键在要修复图像附近单击设置取样点，在要修复部位按住鼠标标左键涂抹。

知识点滴
在文中加入大量的知识信息，或是本书知识的重点解析以及难点提示。

知识应用
选中【对齐】复选框，可以对图像画面连续性取样，而不丢失当前设置的参考点位置，即使释放鼠标键也是如此；若不选中【对齐】复选框，则会每次都停止并重新开始绘制时，使用最初设置参考点位置。默认情况下，【对齐】复选框为选中状态。

[03] 选择【文件】|【打开】命令，打开图像文件，单击【图层】面板中的【创建新图层】按钮创建新图层。

进阶技巧
【仿制图章】工具并不限定在同一张图像中进行，也可以如实际图像的局部所有内容复制到另一张图像之中。在进行不同图像之间的复制时，可以将两张相关并排排列在Photoshop窗口中，以便对照源图像的复制位置以及目标图像的复制情况。

进阶技巧
讲述软件操作在实际应用中的技巧，让读者少走弯路、事半功倍。

2.7 疑点解答

- 问：如何在Photoshop中创建新库？
  答：在Photoshop中打开一幅图像文档，然后单击【库】面板右上角的面板菜单按钮。从弹出的菜单中选择【从Photoshop文档创建新库】命令，或选择命令【从文档创建新库】对话框创建文件，在【新建库】窗口中，选择所需的资源，然后单击【创建新库】按钮即可对打开的图像文档中的资源导入到库中，以便在其他文档中重复使用。

- 问：如何在Photoshop CC 2017中应用Adobe Stock的模板？
  答：Adobe Stock 提供了数百万高品质的免版权专业照片、人物、插图和矢量图形。在Photoshop中利用Adobe Stock中丰富的模板和空白预设，可以使用户快速建立自己的创意项目。在Photoshop中的模板，可以帮助用户快速建立设计过程，在商务上布置适合合同设计等项目资源。在下载过的模板选项，选中所需的模板，单击【打开】按钮即可在工作区中创建。

疑点解答
对本章内容做扩展补充，同时拓宽读者的知识面。

使用Photoshop CC 2017中的画板

无论是设计人员，还会发现一个设计项目经常要适合多种设备或应用程序的界面。在Photoshop CC 2017中的画板，可以帮助用户快速建立设计过程，在商务上布置适合合同设计等项目资源。

在Photoshop中要创建一个带有画板的文档，可以选择【文件】|【新建】命令，在【新建文档】对话框中，选中【画板】复选框，选择预设的画布尺寸或设置自定义尺寸，然后单击【创建】按钮即可。

如果已有文档，可以将其图层组或图层转换为画板。在已有文档中选中图层组，并在选中的图层组上单击，从弹出的菜单中选择【来自图层组的画板】命令，即可将其转换为画板。

光盘附赠的云视频教学平台能够让读者轻松访问上百 GB 容量的免费教学视频学习资源库。该平台拥有海量的多媒体教学视频，让您轻松学习，无师自通！

图1

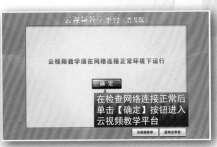

图2

图4

图3

图5

光盘使用说明

》》光盘主要内容

　　本光盘为《入门与进阶》丛书的配套多媒体教学光盘，光盘中的内容包括18小时与图书内容同步的视频教学录像和相关素材文件。光盘采用真实详细的操作演示方式，详细讲解了电脑以及各种应用软件的使用方法和技巧。此外，本光盘附赠大量学习资料，其中包括多套与本书内容相关的多媒体教学演示视频。

》》光盘操作方法

　　将DVD光盘放入DVD光驱，几秒钟后光盘将自动运行。如果光盘没有自动运行，可双击桌面上的【我的电脑】或【计算机】图标，在打开的窗口中双击DVD光驱所在盘符，或者右击该盘符，在弹出的快捷菜单中选择【自动播放】命令，即可启动光盘进入多媒体互动教学光盘主界面。

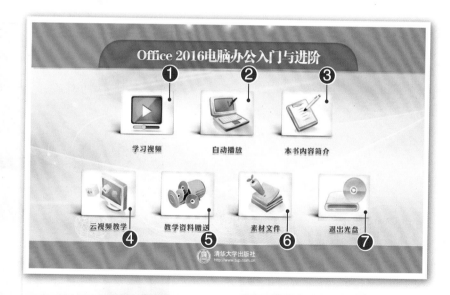

Office 2016电脑办公入门与进阶

① 学习视频　　② 自动播放　　③ 本书内容简介

④ 云视频教学　　⑤ 教学资料赠送　　⑥ 素材文件　　⑦ 退出光盘

清华大学出版社
http://www.tup.com.cn

① 进入普通视频教学模式　　⑤ 打开赠送的学习资料文件夹

② 进入自动播放演示模式　　⑥ 打开素材文件夹

③ 阅读本书内容介绍　　⑦ 退出光盘学习

④ 单击进入云视频教学界面

光盘使用说明

普通视频教学模式

图1

单击【学习视频】按钮

- 赛扬 1.0GHz 以上 CPU
- 512MB 以上内存
- 500MB 以上硬盘空间
- Windows XP/Vista/7/8/10 操作系统
- 屏幕分辨率 1024×768 以上
- 8 倍速以上的 DVD 光驱

光盘运行环境

图2

① 单击章节名称

② 单击实例名称

图3

进入普通视频教学界面

控制视频教学播放

自动播放演示模式

图1

单击【自动播放】按钮

图2
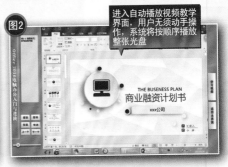

进入自动播放视频教学界面，用户无须动手操作，系统将顺序播放整张光盘

赠送的教学资料

图1

② 打开光盘中教学资料所在文件夹

① 单击【教学资料赠送】按钮

图2

② 打开光盘中素材文件所在文件夹

① 单击【素材文件】按钮

▶ 启用Windows Defender

▶ 添加打印机

▶ 自定义系统背景

▶ 使用Ghost工具备份数据

▶ 电脑主机箱

▶ 设置系统主题

▶ 设置桌面

▶ Windows开始菜单

▶ 【控制面板】界面

▶ Windows设置界面

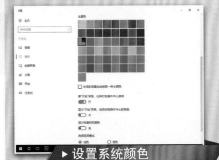

▶ 设置系统颜色

▶ 启用与关闭Windows防火墙

▶ 调整时间

▶ 卸载软件

▶ 文件资源管理器

▶ 设置屏保

入门与进阶

电脑组装·维护·故障排除

入门与进阶 (第3版)

薛芳 ◎ 编著

清华大学出版社

北京

内 容 简 介

本书是《入门与进阶》系列丛书之一。全书以通俗易懂的语言、翔实生动的实例，全面介绍了电脑组装、维护和故障排除的相关知识和技巧。本书共分11章，涵盖了电脑的基础知识、组装电脑的方法、电脑硬件的选购、设置BIOS、安装与配置操作系统、硬件管理与检测电脑、操作系统与常用软件、网络设备的使用、电脑的优化、电脑的日常维护、处理电脑常见故障等内容。

本书内容丰富，图文并茂。全书双栏紧排，全彩印刷，附赠的光盘中包含书中实例素材文件、18小时与图书内容同步的视频教学录像和3～5套与本书内容相关的多媒体教学视频，方便读者扩展学习。此外，光盘中附赠的"云视频教学平台"能够让读者轻松访问上百GB容量的免费教学视频学习资源库。

本书具有很强的实用性和可操作性，是面向广大电脑初中级用户、家庭电脑用户，以及不同年龄阶段电脑爱好者的首选参考书。

图书在版编目(CIP)数据

电脑组装·维护·故障排除入门与进阶 / 薛芳 编著. —3版. —北京：清华大学出版社，2018（2018.11重印）

（入门与进阶）

ISBN 978-7-302-48443-1

Ⅰ. ①电… Ⅱ. ①薛… Ⅲ. ①电子计算机—组装 ②计算机维护 ③电子计算机—故障修复 Ⅳ. ①TP30

中国版本图书馆CIP数据核字(2017)第227099号

责任编辑：胡辰浩　袁建华
装帧设计：孔祥峰
责任校对：成凤进
责任印制：杨　艳

出版发行：清华大学出版社
　　　　网　　址：http://www.tup.com.cn，http://www.wqbook.com
　　　　地　　址：北京清华大学学研大厦A座　　邮　编：100084
　　　　社 总 机：010-62770175　　邮　购：010-62786544
　　　　投稿与读者服务：010-62776969，c-service@tup.tsinghua.edu.cn
　　　　质 量 反 馈：010-62772015，zhiliang@tup.tsinghua.edu.cn
印 装 者：北京亿浓世纪彩色印刷有限公司
经　　销：全国新华书店
开　　本：150mm×215mm　　印　张：16.75　　插　页：4　　字　数：429千字
　　　　　（附光盘1张）
版　　次：2009年12月第1版　2018年1月第3版　印　次：2018年11月第2次印刷
定　　价：48.00元

产品编号：062141-01

前言

熟练操作电脑已经成为当今社会不同年龄层次的人群必须掌握的一门技能。为了使读者在短时间内轻松掌握电脑各方面应用的基本知识，并快速解决生活和工作中遇到的各种问题，清华大学出版社组织了一批教学精英和业内专家特别为电脑学习用户量身定制了这套《入门与进阶》系列丛书。

丛书、光盘和网络服务

📀 **双栏紧排，全彩印刷，图书内容量多实用** 本丛书采用双栏紧排的格式，使图文排版紧凑实用，其中260多页的篇幅容纳了传统图书一倍以上的内容。从而在有限的篇幅内为读者奉献更多的电脑知识和实战案例，让读者的学习效率达到事半功倍的效果。

📀 **结构合理，内容精炼，案例技巧轻松掌握** 本丛书紧密结合自学的特点，由浅入深地安排章节内容，让读者能够一学就会、即学即用。书中的范例通过添加大量的"知识点滴"和"进阶技巧"的注释方式突出重要知识点，使读者轻松领悟每一个范例的精髓所在。

📀 **书盘结合，互动教学，操作起来十分方便** 丛书附赠一张精心开发的多媒体教学光盘，其中包含了18小时左右与图书内容同步的视频教学录像。光盘采用真实详细的操作演示方式，紧密结合书中的内容对各个知识点进行深入的讲解。光盘界面注重人性化设计，读者只需要单击相应的按钮，即可方便地进入相关程序或执行相关操作。

📀 **免费赠品，素材丰富，量大超值实用性强** 附赠光盘采用大容量DVD格式，收录书中实例视频、源文件以及3~5套与本书内容相关的多媒体教学视频。此外，光盘中附赠的云视频教学平台能够让读者轻松访问上百GB容量的免费教学视频学习资源库，在让读者学到更多电脑知识的同时真正做到物超所值。

📀 **在线服务，贴心周到，方便老师定制教案** 本丛书精心创建的技术交流QQ群(101617400、2463548)为读者提供24小时便捷的在线交流服务和免费教学资源；便捷的教材专用通道(QQ：22800898)为老师量身定制实用的教学课件。

本书内容介绍

《电脑组装·维护·故障排除入门与进阶(第3版)》是这套丛书中的一本，该书从读者的学习兴趣和实际需求出发，合理安排知识结构，由浅入深、循序渐进，通过图文并茂的方式讲解电脑组装、维护和故障排除的各种应用方法。全书共分为11章，主要内容如下：

第1章：介绍电脑入门知识，包括电脑主要硬件设备和软件的相关常识。
第2章：介绍电脑组装的具体操作步骤和注意事项。
第3章：介绍电脑的主要硬件设备的选购常识。

第4章：介绍设置BIOS参数的方法。
第5章：介绍安装与配置Windows操作系统的方法。
第6章：介绍安装驱动程序与检测电脑的操作方法。
第7章：介绍使用操作系统与常用软件的方法。
第8章：介绍电脑网络设备的技术参数和选购方法。
第9章：介绍使用软件优化电脑硬件性能的具体方法。
第10章：介绍电脑日常维护的相关知识和技巧。
第11章：介绍电脑的常见故障现象和排除电脑故障的具体方法。

读者定位和售后服务

本书具有很强的实用性和可操作性，是面向广大电脑初中级用户、家庭电脑用户，以及不同年龄阶段电脑爱好者的首选参考书。

如果您在阅读图书或使用电脑的过程中有疑惑或需要帮助，可以登录本丛书的信息支持网站(http://www.tupwk.com.cn/improve3)或通过E-mail(wkservice@vip.163.com)联系，本丛书的作者或技术人员会提供相应的技术支持。

除封面署名的作者外，参与本书编写的人员还有陈笑、孔祥亮、杜思明、高娟妮、熊晓磊、曹汉鸣、何美英、陈宏波、潘洪荣、王燕、谢李君、李珍珍、王华健、柳松洋、陈彬、刘芸、高维杰、张素英、洪妍、方峻、邱培强、顾永湘、王璐、管兆昶、颜灵佳、曹晓松等。由于作者水平所限，本书难免有不足之处，欢迎广大读者批评指正。我们的邮箱是huchenhao@263.net，电话是010-62796045。

最后感谢您对本丛书的支持和信任，我们将再接再厉，继续为读者奉献更多、更好的优秀图书，并祝愿您早日成为电脑应用高手！

《入门与进阶》丛书编委会
2017年10月

第1章　电脑的基础知识

第2章　组装电脑

第3章　电脑硬件的选购

第4章　设置BIOS

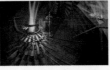

第5章　安装与配置操作系统

第6章 硬件管理与检测电脑

第7章 操作系统与常用软件

第8章　网络设备

第9章 电脑的优化

第10章 电脑的日常维护

第11章 处理电脑常见故障

第1章

电脑的基础知识

在掌握电脑的组装与维护技能之前，我们应首先了解电脑的基本知识，例如电脑的外观、电脑的用途、电脑的常用术语及其硬件结构和软件分类等。本章作为全书的开端，将重点介绍电脑的基础知识。

1.1 认识电脑

电脑也被称为计算机，由早期的电动计算器发展而来，是一种能够按照程序运行，自动、高速处理海量数据的现代化智能电子设备。下面将对电脑的外观、用途、分类和常用术语进行详细的介绍，帮助用户对电脑建立比较清晰的认识。

1.1.1 初识电脑

电脑由硬件与软件组成，没有安装任何软件的电脑被称为"裸机"。常见的电脑型号有台式电脑、笔记本电脑和平板电脑等（本书将着重介绍台式电脑的组装与维护），其中台式电脑从外观上看，由显示器、主机、键盘、鼠标等几个部分组成。

🔹 **显示器**：显示器是电脑的 I/O 设备，即输入 / 输出设备，可以分为 CRT、LCD 等多种（目前市场上常见的显示器多为 LCD 显示器，即液晶显示器）。

🔹 **主机**：电脑主机指的是电脑除去输入 / 输出设备以外的主要机体部分。它是用于放置主板以及其他电脑主要部件（主板、内存、CPU 等设备）的控制箱体。

🔹 **键盘**：键盘是电脑用于操作设备运行的一种指令和数据输入装置，是电脑最重要的输入设备之一。

🔹 **鼠标**：鼠标是电脑用于显示操作系统纵横坐标定位的指示器，因其外观形似老鼠而被称为"鼠标"(Mouse)。

1.1.2 电脑的类型

电脑经过数十年的发展，出现了多种类型，例如台式电脑、平板电脑、笔记本电脑等。下面将分别介绍不同种类电脑的特点。

1 台式电脑

台式电脑是出现最早，也是目前最常见的电脑，其优点是耐用并且价格实惠（与平板电脑和笔记本电脑相比）；缺点是笨重，并且耗电量较大。常见的台式电脑一般分为一体式电脑与分体式电脑两种，其各自的特点如下：

🔹 **分体式电脑**：分体式电脑即一般常见的台式电脑，例如下图所示为一台典型的分体式电脑。

🔹 **一体式电脑**：一体式电脑又称为一体台式机，是一种将主机、显示器甚至键盘和鼠标都整合在一起的新形态电脑，其产品的创新在于电脑内部元件的高度集成。

进阶技巧

多点触摸技术是一体式电脑的一大亮点。惠普、华硕、微星等厂商都已陆续推出了多点触摸技术的一体式电脑。依靠多点触摸技术，能够以直观的手指操作(拖拉、撑开、合拢、旋转)来实现图片的切换、移位、放大、缩小和旋转，实现文档、网页的翻页及文字缩放。多点触摸技术的加入增强了一体式电脑的核心竞争力，成为一体式电脑的发展契机，也为未来的一体式电脑产品指明了一个方向。

2 笔记本电脑

笔记本电脑(NoteBook)又被称为手提电脑或膝上电脑，是一种小型的、可随身携带的个人电脑。笔记本电脑通常重1~3公斤，其发展趋势是体积越来越小，重量越来越轻，而功能却越来越多。

3 平板电脑

平板电脑(简称Tablet PC)是一种小型、方便携带的个人电脑，一般以触摸屏作为基本的输入设备。平板电脑的主要特点是显示器可以随意旋转，并且都带有触摸识别的液晶屏(有些产品可以用电磁感应笔手写输入)。

就目前的平板电脑来说，最常见的操作系统是Windows操作系统、Android操作系统和iOS操作系统。

1.1.3 ◀ 电脑的用途

如今，电脑已经成为家庭生活与企业办公中必不可少的工具之一，其用途非常广泛，几乎渗透到人们日常活动的各个方面。对于普通用户而言，电脑的常用用途主要包括电脑办公、网上冲浪、文件管理、视听播放以及游戏娱乐等几个方面。

🔹 **电脑办公**：随着电脑的逐渐普及，目前几乎所有的办公场所都使用电脑，尤其是一些从事金融投资、动画制作、广告设计、机械设计等行业的单位，更是离不开电脑的协助。电脑在办公操作中的用途很多，例如制作办公文档、财务报表、3D效果图、图片设计等。

🔹 **网上冲浪**：电脑接入互联网后，可以为用户带来更多的便利，例如可以在网上看新闻、下载资源、网上购物、浏览微博等。而这一切只是人们使用电脑上网的最基本应用而已，随着Web 2.0时代的到来，更多的电脑用户可以通过Internet相互联系，不仅仅只是在互联网上冲浪，同时每一个用户也可以成为波浪的制造者。

🔹 **文件管理**：电脑可以帮助用户更加轻松地掌握并管理各种电子化的数据信息，例如各种电子表格、文档、联系信息、视频资料以及图片文件等。通过操作电脑，不仅可以方便地保存各种资源，还可以随时在电脑中调出并查看自己所需的内容。

💡 **视听播放**：听音乐和看视频是电脑最常用的功能。电脑拥有很强的兼容能力，使用电脑的视听播放功能，不仅可以播放各种 DVD、CD、MP3、MP4 音乐与视频，还可以播放一些特殊格式的音乐或视频文件。因此，很多家庭电脑已经逐步代替客厅中的影音播放机，组成更强大的视听家庭影院。

💡 **游戏娱乐**：电脑游戏是指在电脑上运行的游戏软件，这种软件是一种具有娱乐功能的电脑软件。电脑游戏为游戏参与者提供了一个虚拟的空间，从一定程度上让人可以摆脱现实世界，在另一个世界中扮演真实世界中扮演不了的各种角色。同时电脑多媒体技术的发展，使游戏给了人们更多的体验和享受。

> **进阶技巧**
>
> 常见的电脑游戏分为网络游戏、单机游戏、网页游戏 3 种，其中网络游戏与网页游戏需要用户将电脑接入 Internet 后才能进入游戏，而单机游戏一般通过游戏光盘在电脑中安装后即可开始游戏。

1.2 电脑的硬件组成

电脑由硬件与软件组成，硬件指的是构成电脑的主要硬件设备与常用外部设备两种，本节将分别介绍这两种电脑硬件设备的外观和功能。

1.2.1 内部硬件组成

电脑的主要硬件设备包括主板、CPU、内存、硬盘、显卡、机箱、电源、光驱等，其各自的外观与功能如下：

1 主板

电脑的主板是电脑主机的核心配件，安装在机箱内。主板的外观一般为矩形的电路板，其上安装了组成电脑的主要电路系统，一般包括 BIOS 芯片、I/O 控制芯片、面板控制开关接口等。

电脑的主板采用了开放式结构。主板上大都有 6 至 15 个扩展插槽，供电脑外围设备的控制卡 (适配器) 插接。通过更换这些插卡，用户可以对电脑的相应子系统进行局部升级。

2 CPU

CPU 是电脑解释和执行指令的部件，控制整个电脑系统的操作，因此 CPU 也被称作电脑的"心脏"。CPU 安装在电脑主板上的 CPU 插座中，由运算器、控制器和寄存器及实现它们之间联系的数据、控制及状态的总线构成，其运作原理大致可分为提取 (Fetch)、解码 (Decode)、执行 (Execute) 和写回 (Writeback)4 个阶段。

CPU 从存储器或高速缓冲存储器中取出指令，放入指令寄存器，对指令译码，并执行指令。

4 硬盘

硬盘是电脑的主要存储媒介之一，由一个或多个铝制或者玻璃制的碟片组成。这些碟片外覆盖有铁磁性材料。绝大多数硬盘都是固定硬盘，被永久性地密封固定在硬盘驱动器中。硬盘一般被安装在电脑机箱上的驱动器架内，通过数据线与电脑主板相连。

硬盘通常由重叠的一组盘片构成，每个盘面都被划分为数目相等的磁道，并从外缘的"0"开始编号，具有相同编号的磁道形成一个圆柱，称为磁盘的柱面。

3 内存

内存 (Memory) 也被称为内存储器，是电脑中重要的部件之一。它是与 CPU 进行沟通的桥梁，其作用是用于暂时存放 CPU 中的运算数据，以及与硬盘等外部存储器交换的数据。内存被安装在电脑主板上的内存插槽中，其运行情况决定了电脑能否稳定运行。

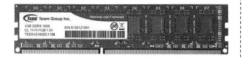

内存是暂时存储程序以及数据的地方，比如用户在使用 Word 处理文稿时，当在键盘上敲入字符时，数据就被存入内存中。当用户在 Word 中选择【文件】|【保存】命令存盘时，内存中的数据才会被存入硬盘。

 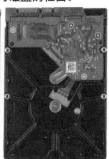

5 显卡

显卡全称为显示接口卡 (Video card 或 Graphics card)，又称为显示适配器，是电脑最基本的组成部分之一。显卡安装在电脑主板上的 PCI Express(或 AGP、PCI) 插槽中，其用途是对电脑系统所需要的显示信息进行转换驱动，并向显示器提供行扫描信号，控制显示器的正确显示。

6 机箱

机箱作为电脑硬件的一部分，其主要功能是放置和固定各电脑硬件，起到承托和保护的作用。机箱也可以被看作电脑主机的"房子"，由金属钢板和塑料面板制成，为电源、主板、各种扩展板卡、光盘驱动器、硬盘驱动器等存储设备提供安装空间，并通过机箱内支架、各种螺丝或卡子、夹子等连接件将这些零部件牢固地固定在机箱内部，形成一台主机。

设计精良的电脑机箱会提供 LED 显示灯以供维护者及时了解机器情况，前置 USB 接口之类的小设计也极大地方便了使用者。同时，有的机箱提供前置冗余电源的设计，使得电源维护也更为便利。

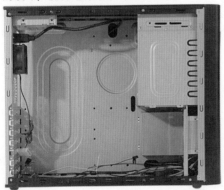

7 电源

电源是把 220V 交流电转换成直流电，并专门为电脑硬件（例如主板、驱动器等）供电的设备，它是电脑各部件供电的枢纽，也是电脑的重要组成部分。电脑的电源一般安装在机箱上专门的电源架中。

8 光驱

光驱是电脑用来读写光碟内容的设备，也是台式电脑中较常见的一个部件。随着多媒体的应用越来越广泛，使得光驱在电脑中已经成为标准配置。目前，市场上常见的光驱有 DVD 光驱 (DVD-ROM) 和刻录机等。

● DVD 光驱：DVD 光驱为只读型 DVD 视盘，既可读取 CD 光盘，也能读取 DVD 光盘信息。

● 刻录机：使用刻录机可以将电脑中的数据写入 CD 或 DVD 光盘，从而制作出音像光盘、数据光盘或启动盘等。

1.2.2 主要外部设备组成

电脑的外部设备主要包括键盘、鼠标、显示器、打印机、摄像头、移动存储设备、耳机、耳麦、麦克风、音箱等，下面将对它们分别进行介绍。

1 键盘

键盘是一种把文字信息的控制信息输入电脑的通道，由英文打字机键盘演变而来。台式电脑的键盘一般使用 PS/2 或 USB 接口与电脑主机相连。

键盘的作用是记录用户的按键信息，并通过控制电路将该信息送入电脑，从而实现将字符输入电脑的目的。目前市面上的键盘，无论是何种类型，其信号产生的原理都是一样的。

2 鼠标

鼠标是电脑的一种输入设备，也是电脑显示系统纵横坐标定位的指示器，因形似老鼠而得名"鼠标"。鼠标的标准称呼应该是"鼠标器"(Mouse)。鼠标的使用是为了使电脑的操作更加简便，来代替键盘繁琐的指令。台式电脑所使用的鼠标，一般采用 PS/2 或 USB 接口与电脑主机相连。

鼠标诞生于 1968 年，经历了数十年的不断变革，其功能越来越强，使用范围越来越广，鼠标的种类也越来越多。目前，常见的鼠标大致可以分为光电鼠标和机械鼠标两种。

3 显示器

显示器通常也被称为监视器，是一种将一定的电子文件通过特定的传输设备显示到屏幕上，再反射到人眼的显示工具。目前常见的显示器均为LCD(液晶)显示器。

显示器是用户与电脑交流的窗口，选购一台好的显示器可以大大降低用户使用电脑时的疲劳感。目前，LCD 显示器凭借其高清晰度、高亮度、低功耗、体积较小及影像显示稳定等优势，成为市场上的主流产品。

4 打印机

打印机 (Printer) 是电脑的输出设备之一，用于将电脑处理结果打印在相关介质上。按一行字在纸上形成的方式，分串式打印机与行式打印机。按所采用的技术，分柱形、球形、喷墨式、热敏式、激光式、静电式、磁式、发光二极管式打印机等。

其他设备(如电脑)的协助。移动存储设备主要有移动硬盘、U盘(闪存盘)和各种记忆卡(存储卡)等。

5 摄像头

摄像头(Camera)又称为电脑相机、电脑眼等,是一种视频输入设备,被广泛地运用于视频会议、远程医疗及实时监控等方面。

进阶技巧

用户可以通过摄像头在网络中与朋友进行有影像、有声音的交谈和沟通。

6 移动存储设备

移动存储设备指的是便携式的数据存储装置,此类设备带有存储介质且自身具有读写介质的功能,不需要(或很少需要)

进阶技巧

在所有移动存储设备中,移动硬盘可以提供相当大的存储容量,是一种性价比高的移动存储产品。在大容量U盘(闪存盘)价格还无法被用户所接受的情况下,移动硬盘可以为用户提供较大的存储容量和不错的便捷性。

7 耳机、耳麦和麦克风

耳机是使用电脑听音乐、玩游戏或看电影必不可少的设备,它能够从声卡中接收音频信号,并将其还原为真实的声音。

耳麦是耳机与麦克风的整合体,它不同于普通的耳机。普通耳机往往是立体声的,而耳麦大多是单声道的。同时,耳麦有普通耳机所没有的麦克风。

麦克风又称话筒，是一种传声器，是声电转换的换能器，用于所有语音功能方面的操作。

8 音箱

音箱是最为常见的电脑音频输出设备，由多个带有喇叭的箱体组成。目前，音箱的种类和外形多种多样，常见音箱的外观如下图所示。

1.3 电脑的软件组成

电脑的软件由程序和有关的文档组成，其中程序是指令序列的符号表示，文档则是软件开发过程中建立的技术资料。程序是软件的主体，一般保存在存储介质中（如硬盘或光盘），以便在电脑中使用。文档对于使用和维护软件非常重要，随软件产品一起发布的文档主要是使用手册，其中包含了软件产品的功能介绍、运行环境要求、安装方法、操作说明和错误信息说明等。电脑的软件按用途可以分为操作系统软件和应用软件两类。

1.3.1 操作系统软件

操作系统是管理电脑硬件与软件资源的程序，同时也是电脑系统的内核与基石。操作系统大致包括五方面的管理功能：进程与处理器管理、作业管理、存储管理、设备管理、文件管理。操作系统是管理电脑全部硬件资源、软件资源、数据资源，控制程序运行并为用户提供操作界面的系统软件集合。目前，操作系统主要包括Windows、MacOS以及UNIX、Linux等，这些操作系统所适用的用户人群也不尽相同，电脑用户可以根据自己的实际需要选择不同的操作系统，下面将分别对这几种操作系统进行简单介绍。

1 Windows 7 操作系统

Windows 7是由微软公司开发的一款操作系统，该操作系统旨在让人们的日常电脑操作更加简单和快捷，为人们提供高效、易行的工作环境。

Windows 7操作系统和以前的操作系统相比，具有很多优点：更快的速度和性能，更具个性化的桌面，更强大的多媒体功能，Windows Touch带来的极致触摸操控体验，Home groups和Libraries简化的局域网共

享，全面革新的用户安全机制，超强的硬件兼容性，革命性的工具栏设计等。

2 Windows 8 操作系统

Windows 8 是由微软公司开发的、具有革命性变化的操作系统。Windows 8 操作系统支持来自 Intel、AMD 和 ARM 的芯片架构，这意味着 Windows 操作系统开始向更多平台迈进，包括平板电脑和 PC。

Windows 8 增加了很多实用功能，主要包括全新的 Metro 界面、内置 Windows 应用商品、应用程序的后台常驻、资源管理器采用 "Ribbon" 界面、智能复制、IE10 浏览器、内置 PDF 阅读器、支持 ARM 处理器和分屏多任务处理界面等。

3 Windows 10 操作系统

Windows 10 是微软公司研发的新一代跨平台及设备应用的操作系统。

Windows 10 是微软发布的最后一个独立 Windows 版本，下一代 Windows 将作为更新形式出现。Windows 10 共有 7 个发行版本，分别面向不同用户和设备。

在正式版本发布一年内，所有符合条件的 Windows 7、Windows 8.1 用户都将可以免费升级到 Windows 10，Windows Phone 8.1 则可以免费升级到 Windows 10 Mobile 版。所有升级到 Windows 10 的设备，微软都将在该设备的生命周期内提供支持(所有 Windows 设备的生命周期被微软单方面设定为 2~4 年)。

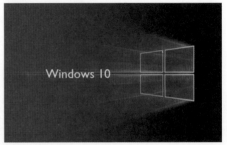

4 Mac OS X 操作系统

苹果操作系统 Mac OS X 是苹果公司为 Mac 系列产品开发的专属操作系统，是一套运行于苹果 Macintosh 系列电脑上的操作系统。

苹果操作系统 Mac OS X 是苹果 Mac 系列产品的预装系统，处处体现着简洁的宗旨。Mac OS X 苹果操作系统下载官方版是基于 UNIX 内核的图形化操作系统。一般情况下电脑病毒几乎都是针对 Windows 的，由于 Mac OS X 的架构与 Windows 不同，所以很少受到病毒的袭击。

1.3.2 驱动程序

驱动程序英文名为"Device Driver"，全称为"设备驱动程序"，是一种可以使电脑和设备通信的特殊程序，相当于硬件的接口。操作系统只有通过这个接口，才能控制硬件设备的工作，假如某设备的驱动程序未能正确安装，便不能正常工作。因此，驱动程序被誉为"硬件的灵魂"、"硬件的主宰"和"硬件和系统之间的桥梁"等。

硬件如果缺少了驱动程序的"驱动"，那么本来性能非常强大的硬件就无法根据软件发出的指令进行工作，硬件就是空有一身本领，无用武之地。从理论上讲，所有的硬件设备都需要安装相应的驱动程序才能正常工作。但像CPU、内存、主板、软驱、键盘、显示器等设备却并不需要安装相应的驱动程序就能正常工作。这是因为这些硬件对于一台个人电脑来说是必需的，所以设计人员将这些列为BIOS能直接支持的硬件。换言之，上述硬件安装后就可以被BIOS和操作系统直接支持，不再需要安装驱动程序。从这个角度来说，BIOS也是一种驱动程序。但是对于其他的硬件，例如网卡、声卡、显卡等，却必须安装驱动程序，不然这些硬件就无法正常工作。

1.3.3 应用软件

所谓应用软件，是指除了系统软件以外的所有软件，是用户利用电脑及其提供的系统软件为解决各种实际问题而编制的电脑程序。由于电脑已渗透到了各个领域，因此，应用软件是多种多样的。目前，常见的应用软件有各种用于科学计算的程序包、各种字处理软件、信息管理软件、电脑辅助设计教学软件、实时控制软件和各种图形软件等。

应用软件是为了完成某些工作而开发的一组程序，能够为用户解决各种实际问题。下面列举几种应用软件。

1 办公类软件

办公类软件主要指用于文字处理、电子表格制作、幻灯片制作等的软件，如Microsoft公司的Office Word、Excel。

2 图像处理软件

图像处理软件主要用于编辑或处理图形及图像文件，应用于平面设计、三维设计、影视制作等领域，如Photoshop、Corel DRAW、会声会影、美图秀秀等。

3 媒体播放器

媒体播放器,又称媒体播放机,通常是指电脑中用来播放多媒体的播放软件,把解码器聚集在一起,产生播放的功能。包括网页、音乐、视频和图片4类播放器软件,如Windows Media Player、迅雷看看、Flash播放器等。

1.4 评估电脑的档次

对于一台电脑,可以从它的CPU型号、CPU主频、内存容量、硬盘容量等指标来判断其价值,评估它是一款什么档次的电脑。例如,某电脑配置单如下:Intel Core i5-4570 四核处理器 3.2GHz、8GB、1TB、Radeon HD7770 1GB、DVD-RW、22英寸 LCD。

1.4.1 通过 CPU 型号评估

"Intel Core i5-4570 四核处理器 3.2GHz"指的是CPU设备,CPU即为中央处理器。

其中的"Intel"是生产CPU的美国芯片厂商,除其之外还有AMD公司和VIA公司也生产CPU。

"Core i5-4570"即酷睿i5,是Intel公司性能优越的多核CPU产品,Intel公司的产品还有Core i7系列、Core i3系列、奔腾系列、赛扬系列等。一般来说,Core i7比Core i5性能好,Core i5比Core i3性能好,Core i3比奔腾性能好,奔腾比赛扬性能好。

AMD公司的产品主要有:FX(推土机)系列处理器、APU系列处理器、羿龙Ⅱ(PHENOM Ⅱ)处理器、速龙Ⅱ(Athlon Ⅱ)系列处理器、闪龙系列处理器等。

总而言之,CPU的性能越好,档次和价格也就越高。

1.4.2 通过 CPU 主频评估

"3.2GHz"指的是CPU的主频。主频是CPU内部的工作频率,也就是CPU的时钟频率,反映的是CPU的速度,主频越高,电脑的速度越快。

进阶技巧

Hz是频率的单位。电脑中最基本的单位是字节(B),1字节=1个英文字母所占空间,1个汉字占2字节。(单位换算:1KB=1024B,1MB=1024KB,1GB=1024 MB,1TB=1024GB)。

1.4.3 通过内存容量评估

"8GB"指内存的容量。内存也叫内存储器,是电脑重要的配件之一。内存在CPU与其他设备运行过程中起中转站的作用。电脑的整体性能与内存的大小和性能有很大关系,在电脑主板性能允许的范围内,内存够大,一次可以从硬盘中调用的文件也够多,CPU的处理速度就会提快。内存的容量一般为4GB、8GB、16GB。

1.4.4 通过硬盘容量评估

"1TB"指硬盘的容量。硬盘是电脑的外部存储器之一,是电脑中主要的存储器，由金属磁片制作，此可以长时间保持其中的数据，不会因为关机断电而丢失。硬盘的容量通常为 500GB、1TB、2TB、3TB 等。

工作速度，显存越大，显卡运行速度越快，3D 画面显示越快。

1.4.6 显示器及其他评估指标

剩下的几项分别为：DVD-RW(光盘刻录机) 和 22 英寸 LCD(液晶显示器)。

1.4.5 通过显卡评估

"Radeon HD7770 1GB"是显卡的指标，其中"Radeon HD7770"为显卡的品牌和型号，"1GB"为显存容量。显存和内存的作用一样，它的大小会影响显卡的

要了解某台电脑，需要查看它的 CPU 是什么级别、主频多大、内存容量多少、硬盘容量多少、显存多大等，这样才能清楚地了解这台电脑的档次。

1.5 多核电脑配置方式

要组装一台合适的电脑并不是一件简单的事情，因为不仅要考虑到兼容性的问题，还需要考虑系统整体的优化问题。

1.5.1 多核电脑配置原则

很多自己组装电脑的用户在配置电脑时容易走入一个误区，即在购买时都追求性能较高以及较新的产品，这样组装的电脑不一定适合自己，可能会浪费很多金钱。

具体的电脑配置方案可以根据以下 3 点进行操作。

1 购买电脑的目的

买电脑用来做什么，用途不同，电脑的配置也不同，一般的用途配置普通电脑，复杂的用途配置高档电脑。

2 预估消费金额

只从用途方面的考虑去配置电脑，是远远不够的，还要考虑预估的消费金额。

3 确定资金消费重点

如购机时用户的资金不是很充裕，这时应该根据配置电脑的目的和实际资金状况，确定资金消费的重点。如商务用机，应侧重于显示器和主板的选择，因为商务办公用户一般要求电脑的稳定性高、故障率低。

下面根据购机目的和资金状况，分析一下用户的种类及电脑配置方案。

1.5.2 入门型用户

价格范围：2000~3000 元。

主要用途：文字处理、上网、电脑入门学习、一般游戏、常规教学、普通办公等。

1 特价电脑配置

特价电脑配置方案如下表所示。

配件	型号
主板	七彩虹 C.H61U-M ZT
CPU	英特尔 (Intel) 赛扬 G1820(盒装)
内存	金士顿 HyperX DDR3 1600 4GB
硬盘	西部数据 500GB 16M SATA3 蓝盘
显卡	核心显卡
液晶显示器	现代 E1901H
声卡	主板集成
网卡	主板集成
机箱	牛头酷牛 NT0600
电源	大水牛劲强 300 京牛版
键盘鼠标	多彩 7800G 无线键鼠套装

2 普通学习机配置

普通学习机配置方案如下表所示。

配 件	型 号
主板	铭瑄 MS-A75FA Pro
CPU	AMD A10-5800K
内存	威刚万紫千红 DDR3 1600 4GB
硬盘	西部数据 500GB 16M SATA3 蓝盘
显卡	影驰 GT630 虎将 D5
液晶显示器	AOC 绿锐 e950s
声卡	主板集成
网卡	主板集成
机箱	动力火车绝尘侠 X3
电源	长城静音大师 300SD
键盘鼠标	罗技 MK100 二代键鼠套装

1.5.3 大众型用户

💧 价格范围：3000~6000 元。

💧 主要用途：学习编程、图像设计、常规 3D 操作、多媒体教学、制作网页、商务办公、股票操作、3D 游戏等。

1 办公配置

办公配置方案如下表所示。

配 件	型 号
主板	技嘉 GA-H81M-DS2
CPU	Intel Core i3-4130
内存	威刚万紫千红 DDR 1600 4GB
硬盘	希捷 1TB 64M SATA3
显卡	迪兰 HD7770 酷能 +1GBDC
液晶显示器	AOC 12269VW
声卡	主板集成
网卡	主板集成
机箱	动力火车绝尘侠 X3
电源	长城 BTX-400SEL-P4
键盘鼠标	双飞燕 KB-8620D 防水飞燕光电键鼠套装

2 教学配置

教学配置方案如下表所示。

配 件	型 号
主板	华硕 B85-PLUS
CPU	Intel 酷睿 i5-4570
内存	金士顿 DDR3 1600 8GB 单条
硬盘	希捷 Barracuda 1TB 64M SATA3 单碟
显卡	技嘉 GV-N660OC-2GD
光驱	先锋 BDC-207BK
液晶显示器	三星 S24D360HL
声卡	主板集成
网卡	主板集成
音箱	漫步者 R101V
机箱	动力火车绝尘侠 X3
电源	航嘉 MVP500
键盘鼠标	罗技 MK200
键盘鼠标	双飞燕 KB-8620D 防水飞燕光电键鼠套装

3 家庭配置

家庭配置方案如下表所示。

配 件	型 号
主板	华硕 B88X-PLUS
CPU	AMD 速龙 X4 760K
内存	威刚游戏威龙 8GB DDR3 2400 V2.0 双通道套装内存
硬盘	西部数据 1TB 64M SATA3 单碟/蓝盘
显卡	影驰 GTX760 四星大将
液晶显示器	三星 S24D360HL
声卡	主板集成
网卡	主板集成
音箱	漫步者 R201T06
机箱	金河田进化荣耀版
电源	航嘉 MVP500
键盘鼠标	罗技 MK200

4 网吧配置

网吧配置方案如下表所示。

配　件	型　号
主板	技嘉 B85M-D3H
CPU	Intel Core i3-4130
内存	威刚游戏威龙 DDR3 1600 4GB 双通道套装
硬盘	西部数据 500GB 16M SATA3 蓝盘
显卡	影驰 GTX650 黑将
液晶显示器	HKC A2351D
声卡	主板集成
网卡	主板集成
音箱	普通耳麦
机箱	游戏悍将刀锋 1 标准版黑装
电源	酷冷至尊战斧 2400w
键盘鼠标	罗技 MK260 键鼠套装

1.5.4 专业型用户

🔹 价格范围：6000~10000 元。

🔹 主要用途：专业图形与影视处理、大型程序开发、较大型 3D 动画制作、高端游戏、电子商务等。

1 图像处理配置

图像处理配置方案如下表所示。

配　件	型　号
主板	华硕 B85-PLUS
CPU	Intel 酷睿 i5 4570(盒装)
内存	金士顿 DDR3 1600 8GB 骇客神条套装
硬盘	金士顿 SV200 SV200 S37A(64GB)

（续表）

显卡	影驰 GTX760 黑将
光驱	先锋 DVR-220CHV
液晶显示器	飞利浦 233E4QHSD/93
声卡	主板集成
网卡	主板集成
音箱	麦博 FC360
机箱	先马影子战士
电源	航嘉 MVP500
键盘鼠标	罗技 G100S 键鼠套装

2 游戏配置

游戏配置方案如下表所示。

配　件	型　号
主板	技嘉 GA-B85-HD3
CPU	Intel 酷睿 i7 4770
内存	金士顿 HyperX 8GB DDR3 1600
固态硬盘	三星 SSD 830 Series SATA Ⅲ
机械硬盘	希捷 Barracuda 1TB 7200 转 64MB 单碟
显卡	微星 R9 280X GAMING
液晶显示器	三星 S27D360H
声卡	创新 Sound Blaster Audigy 4 Value SB0610
网卡	主板集成
音箱	漫步者 S2.1 标准版
机箱	游戏悍将魔尊 GP600M
电源	航嘉 MVP500
键盘	雷蛇 黑腹狼蛛
鼠标	血手幽灵 智能多核左三枪 V7 游戏鼠标
散热器	游戏悍将暴雪 LC240

1.6 组装机器还是买品牌机

针对买电脑时是选择买品牌机还是组装（兼容机），需要先了解一下兼容机与品牌机的优缺点。

品牌机的优缺点：
- 整机性能优越。
- 有人性化设计。
- 外观时尚。
- 服务到位。
- 价格相对较高。
- 配置不灵活。

组装机的优缺点：
- 价格便宜。
- 配置灵活。
- 基本不享有售后服务。

根据以上品牌机和组装机的优缺点分析可以得知：
- 企业单位、家庭、不了解电脑维修的用户适合买品牌机。
- 会修电脑、对资金问题较敏感的用户适应买兼容机。

下面介绍一下选购品牌机的方法。

1 看品牌

现在市场上大约有 4 类品牌机，用户可根据需要自由选择。

首先是国际产品，例如 HP、DELL 等。这些品牌的硬件质量和售后服务都是非常完善的，所以价格也是很高的。如果不太在乎价格，那么可以选择这些品牌的电脑。

其次是国内著名企业的品牌机，例如清华同方、方正、联想等。其产品质量稳定，相对进口品牌机有着更高的性价比，配置更贴近国内用户要求，在售后服务上也不比国外品牌机差。

然后是某些小型的正规企业出品的电脑，在特定的地域有销售和维修点。整机性能也有一定的保障。相对于上面两种，价格上更具有优势。

最后就是一些申请品牌以后自己拼装电脑的小企业，大多数产品报价中不含正版软件费用，很多店面就是工厂，这种品牌机本质上和组装机没多大的区别，价格是以上几种中最便宜的，其售后服务远差于其他品牌机。

2 看配置选机型

在购买电脑时确定一款适合自己的机型通常是一件比较困难的事，因为涉及自己购买电脑的用途，同时还得兼顾资金的情况。购买时要从性能以及价格两方面挑选出最合适的机型，这样才是最实际的做法。在选购时，一般不要选择刚上市的新产品（新上市产品的价格偏高），应从自身的应用范围去确定需要选定的机型。

3 看价格

在确定了适合自己的电脑后，接下来就要和销售商正面接触了。一般来说，现在品牌电脑都有全国统一的零售价，但这并不是最低价格，厂商会给销售商留有一定的讲价余地，所以在购买时绝对不要相信销售商所谓的最低价，一般都可以在这个价位上进行相应的压价。最后，要注意要求销售商开有效发票，以便进行保修。

4 看认证

买电脑绝对不能仅仅比配置，还要看生产厂商是否通过了 ISO 国际质量体系认证，这个指标说明了其质量和实力。通过了认证，则标志着企业产品和服务达到国际水平，这是购买品牌机时的一个重要指标。

5 看包装

在选择机器时要注意，一般不要直接

购买销售商在商店摆放的电脑，应该要求销售商拿没有拆开包装的产品，因为在商店摆放的电脑一般为样品机，需要经常开机或整天开机进行展示，严格来说是已经使用过的产品。

在随机软件上也要多留意，特别是预装微软正版操作系统的还需要多留心，很多不法商家都会把正版软件单独扣下另行销售牟利。

6 看售后服务

品牌机最大的优势在于良好的售后服务。同是品牌机，其售后服务水平却不一样，故而在选购时，比较其售后服务就非常重要。如有些厂商对于保修期内的问题产品是进行免费更换的，而有些则是免费维修的；有些厂商在保修期内上门维修是免费的，超过保修期也只收部件成本费，而有些还要加收上门服务费。

对于用户来说，选择一家售后服务质量好、维修水平高、承诺能够完全实现的商家，比挑选品牌机的配置还重要。

1.7 进阶实战

大多数用户都知道电脑有 USB 接口和网线接口，对前置面板比较了解，而对后置面板就不怎么了解了，下面将详细介绍电脑主机的前置、后置面板。

下面将介绍电脑主机的前置和后置面板上的常见按钮、指示灯和接口的作用。

【例1-1】介绍电脑主机的前置和后置面板。

01 关闭电脑电源，取出电脑主机，观察其前置面板可以看到，电脑的前置面板由电源按钮、光驱面板、读卡器面板、前置 USB 接口、前置音频接口和电源指示灯等几部分组成 (注意，不同电脑机箱的外观虽然各不相同，但其前置面板的功能却大致相同)。

02 主机前置面板上的多功能读卡器面板，整合了各类常用电脑移动存储设备的接口，例如 TF、SM、CF、MicroDrive、MemoryStick、MemoryStick PRO、MMC、Micro SD、MiniSD、SD 等存储卡的接口。

03 目前，常见电脑主机的前置面板上都设计有前置 USB 接口和前置音频信号接口。其中，前置音频信号接口至少提供连接耳机 (耳麦) 和麦克风的接口。

04 电源开关按钮和电源指示灯是所有电脑前置面板上都配备的。大部分电脑机箱将电源开关按钮和指示灯设计在前面板的正面，也有一部分电脑将其设计在前置面板的侧面，用户在实际选购电脑机箱时，可以留意这一点。除此之外，还有一部分电脑机箱上设计有独立的重启 (RESET) 按钮，用户可以通过按下该按钮重新启动电脑。

05 电脑主机的后置面板主要包括电源部分、主板接口、显卡接口以及机箱挡板和散热孔等几个部分。

电源部分

散热孔

主板接口

显卡接口

机箱挡板

1.8　疑点解答

● 问：如何将电脑锁屏？

　　答：有时候要离开电脑去做其他的事情，又不想别人偷看自己的电脑，可以按住 Windows 键后，再按 L 键，这样电脑就直接锁屏了，就不用担心电脑的资料外泄了。

第2章

组装电脑

　　组装电脑的过程实际并不复杂，即使是电脑初学者也可以完成，但要保证组装的电脑性能稳定、结构合理，用户还需要遵循一定的流程。本章将详细介绍组装一台电脑的具体操作步骤。

2.1 组装电脑前的准备工作

在开始准备组装一台电脑之前，用户需要提前做一些准备工作，这样才能有效地处理在装机过程中可能出现的各种问题。一般来说，在组装电脑配件之前，需要进行硬件与软件两个方面的准备工作。

2.1.1 准备组装工具

组装电脑前的硬件准备指的是在装机前预备包括工作台、螺丝刀、尖嘴钳、镊子、导热硅脂等装机必备的工具。这些工具在用户装机时，起到的具体作用如下：

🔹 工作台：平稳、干净的工作台是必不可少的。需要准备一张桌面平整的桌子，在桌面上铺上一张防静电桌布，即可作为简单的工作台。

🔹 螺丝刀：螺丝刀（又称螺丝起子）是安装和拆卸螺丝钉的专用工具。常见的螺丝刀由一字螺丝刀（又称平口螺丝刀）和十字螺丝刀（又称梅花口螺丝刀）两种。其中十字螺丝刀在组装电脑时，常被用于固定硬盘、主板或机箱等配件，而一字螺丝刀的主要作用则是拆卸电脑配件产品的包装盒或封条。

🔹 尖嘴钳：尖嘴钳又被称为尖头钳，是一种运用杠杆原理的常见钳形工具。在装机之前准备尖嘴钳的目的是拆卸机箱上的各种挡板或挡片。

🔹 镊子：镊子在装机时的主要作用是夹取螺丝钉、线帽和各类跳线（例如主板跳线、硬盘跳线等）。

🔹 导热硅脂：导热硅脂是安装风冷式散热器必不可少的用品，其功能是填充各类芯片（例如 CPU 与显卡芯片等）与散热器之间的缝隙，协助芯片更好地进行散热。

🔹 绑扎带：绑扎带主要用来整理机箱内部各种数据线，使机箱更简洁、干净。

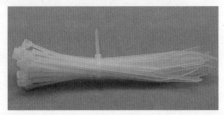

■ 排型电源插座：电脑的硬件中有多个设备需要与市电进行连接，因此用户在装机前至少需要准备一个多孔万用型插座，以便在测试电脑时使用。

■ 器皿：在组装电脑时，会用到许多螺丝和各类跳线，这些物件体积较小，用一个器皿将它们收集在一起可以有效提高装机的效率。

2.1.2 检测电脑配件

组装电脑需要准备的配件主要有：显示器、主机箱、电源、主板、CPU、内存条、显卡、声卡、网卡、硬盘、光驱、键盘、鼠标及各种信号线等。

进阶技巧

以上电脑部件是组装电脑时不可缺少的，集成显卡、声卡、网卡的主板不必单独安装显卡、声卡、网卡，此外一台电脑根据需要还可以配置打印机、扫描仪、刻录机等外设。

零件包在机箱内，一般包括固定螺丝、钢柱螺丝、挡板等。固定螺丝用于固定硬盘板卡等设备，钢柱螺丝用于固定主板。固定螺丝分为3种：细纹螺丝、大粗纹螺丝、小粗纹螺丝。

光驱适合用细纹螺丝固定；硬盘、挡板适合用小粗纹螺丝固定；机箱、电源适合用大粗纹螺丝固定。

2.1.3 软件的准备

组装电脑前的软件准备，指的是在开始组装电脑前预备好电脑操作系统（例如Windows 7/8/10 等）的安装光盘和各种装机必备软件的安装光盘（或移动存储设备），例如以下软件：

■ 解压缩软件：此类软件用于压缩与解压缩文件，常见的解压缩软件有 WinRAR、ZIP 等。

■ 视频播放软件：此类软件用于在电脑中播放视频文件，常见的视频播放软件有暴风影音、RealPlayer、KmPlayer、WMP 9/10/11 等。

🔲 **音频播放软件**：此类软件用于在电脑中播放音频文件，常见的音频播放软件有酷狗音乐、千千静听、酷我音乐盒、QQ 音乐播放器等。

🔲 **输入法软件**：常见的输入法软件有搜狗拼音、拼音加加、腾讯 QQ 拼音、王码五笔 86/98、搜狗五笔、万能五笔等。

🔲 **系统优化软件**：用于对 Windows 系统进行优化配置，使其效率更高。常见的系统优化软件有超级兔子、Windows 优化大师、鲁大师等。

🔲 **图像编辑软件**：此类软件用于编辑图形及图像，常见的图形编辑软件有光影魔术手、Photoshop、ACDSee 等。

🔲 **下载软件**：常见的下载软件有迅雷、Vagaa、BitComet、QQ 超级旋风等。

🔲 **杀毒软件**：常见的杀毒软件有瑞星杀毒、卡巴斯基、金山毒霸、江民杀毒、诺顿杀毒等。

🔲 **聊天软件**：常见的聊天软件有 QQ/TM、飞信、阿里旺旺、新浪 UT Game、Skype 网络电话等。

🔲 **木马查杀软件**：常见的木马查杀软件有金山清理专家、360 安全卫士等。

2.1.4 ❰ 组装过程中的注意事项

电脑组装是一个细活，安装过程中容易出错，因此需要格外细致，并注意以下问题：

🔲 **检查硬件、工具是否齐全**：将准备的硬件、工具检查一遍，看其是否齐全，可按安装流程对硬件进行有顺序的排放，并仔细阅读主板及相关部件的说明书，看是否有特殊说明。另外，硬件一定要放在平稳、安全的地方，防止发生因不小心造成的硬件划伤，或者从高处掉落等现象。

🔲 **防止静电损坏电子元器件**：在装机过程中，要防止人体所带静电对电子元器件造成损坏。在装机前需要消除人体所带的静电，可用流动的自来水洗手，双手可以触摸自来水管、暖气管等接地的金属物，当然也可以佩戴防静电腕带等。

🔲 **防止液体浸入电路上**：将水杯、饮料等含有液体的器皿拿开，远离工作台，以免液体进入主板，造成短路，尤其在夏天工作时，防止汗水的滴落。另外，工作环境一定要找一处空气干燥、通风的地方。

🔲 **轻拿、轻放各配件**：电脑安装时，要轻拿轻放各配件，以免造成配件的偏斜或折断。

2.2 组装电脑主机配件

一台电脑分为主机与外设两大部分，组装电脑的主要工作实际上就是指组装电脑主机中的各个硬件配件。用户在组装电脑主机配件时，可以参考以下流程进行操作。

2.2.1 ❰ 安装 CPU

组装电脑主机时，通常都会先将 CPU、内存等配件安装至主板上，并安装 CPU 风扇（在选购主板和 CPU 时，用户应确认 CPU 的接口类型与主板上的 CPU 接口类型一致，否则 CPU 将无法安装）。这样做，可以避免在主板安装在电脑机箱中之后，由于机箱狭窄的空间而影响 CPU 和内存的安装。下面将详细介绍在电脑主板上安装 CPU 及 CPU 风扇的相关操作方法。

1 将 CPU 安装在主板上

CPU 是电脑的核心部件，也是组成电脑的各个配件中较为脆弱的一个，在安装 CPU 时，用户必须格外小心，以免因用力过大或操作不当而损坏 CPU。因此，在正式将 CPU 安装在主板上之前，用户应首先了解主板上的 CPU 插座和 CPU 与主板相连的针脚。

● CPU 插座：虽然支持 Intel CPU 与支持 AMD CPU 的主板，CPU 插座在针脚和形状上稍有区别，并且彼此互不兼容，但常见的插座结构都大同小异，主要包括插座、固定拉杆等部分。

● CPU 针脚：CPU 针脚与支持 CPU 的主板插座相匹配，其边缘大都设计有相应的标记，与主板 CPU 插座上的标记相对应。

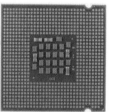

　　虽然新型号的 CPU 不断推出，但安装 CPU 的方法却没有太大的变化。因此，无论用户使用何种类型的 CPU 与主板，都可以参考以下实例中介绍的步骤来完成 CPU 的安装。

【例2-1】在电脑主板上安装CPU。

01 首先，从主板的包装袋（盒）中取出主板，将其水平放置在工作台上，并在其下方垫一块塑料布。

02 将主板上 CPU 插座上的固定拉杆拉起，掀开用于固定 CPU 的盖子。将 CPU 插入插槽中，要注意 CPU 针脚的方向问题

（在将 CPU 插入插槽时，可以在将 CPU 正面的三角标记对准主板 CPU 插座上的三角标记后，再将 CPU 插入主板插座）。

03 用力向下按住 CPU 插槽上的锁杆，锁紧 CPU，完成 CPU 的安装操作。

2 安装 CPU 散热器

　　由于 CPU 的发热量较大，因此为其安装一款性能出色的散热器非常关键。但如果散热器安装不当，对散热的效果也会大打折扣。常见的 CPU 散热器有风冷式与水冷式两种，各自的特点如下：

● 风冷式散热器：风冷式散热器比较常见，安装方法也相对水冷式散热器较简单，体积也较小，但散热效果却较水冷式散热器要差一些。

● 水冷式散热器：水冷式散热器由于比风冷式散热器出现在市场上的时间晚，因此并不被大部分普通电脑用户所熟悉，但就散热效果而言，水冷式散热器要比风冷式散热器强很多。

【例2-2】在CPU表面安装风冷式CPU散热器。

01 在 CPU 上均匀涂抹一层预先准备好的硅脂,这样做有助于将热量由处理器传导至 CPU 风扇上。

02 在涂抹硅脂时,若发现有不均匀的地方,可以用手指将其抹平。

03 将 CPU 风扇的四角对准主板上相应的位置后,用力压下其扣具即可。不同 CPU 风扇的扣具并不相同,有些 CPU 风扇的四角扣具采用螺丝设计,安装时还需要在主板的背面放置相应的螺母。

04 在确认将 CPU 散热器固定在 CPU 上后,将 CPU 风扇的电源接头连接到主板的供电接口上。主板上供电接口的标志为"CPU_FAN",用户在连接 CPU 风扇电源时应注意的是:目前有三针和四针等几种不同的风扇接口,并且主板上有防差错接口设计,如果发现无法将风扇电源接头插入主板供电接口,观察一下电源接口的正反和类型即可。

3　安装水冷式 CPU 散热器

在安装水冷式散热器的过程中,需要用户将主板固定在电脑机箱上,然后才能开始安装散热器的散热排。

【例2-3】在CPU表面安装水冷式CPU散热器。

01 拆开水冷式 CPU 风扇的包装后,可以看到全部设备和附件。

02 在主板上安装水冷式散热器的背板。用螺丝将背板固定在CPU插座四周预留的白色安装线内。

03 接下来，将散热器的塑料扣具安装在主板上，此时不要将固定螺丝拧紧，稍稍拧住即可。

04 在CPU水冷头的周围和扣具的内部都有互相咬合的塑料底座突起，将其放置到位后，稍微一转，将CPU水冷头预安装到位。这时，再将扣具四周的4个弹簧螺钉拧紧即可。

05 最后，使用水冷式散热器附件中的长

螺丝，先穿过风扇，再穿过散热排上的螺钉孔，将散热排固定在机箱上。

2.2.2 安装主板

在主板上安装完CPU后，即可将主板装入机箱，因为在安装剩下的主机硬件设备时，都需要配合机箱进行安装。

【例2-4】将主板放入并固定在机箱中。

01 安装主板之前，先将机箱提供的主板垫脚螺母安放到机箱主板托架的对应位置。

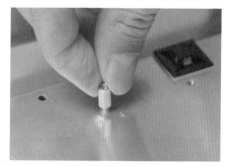

02 平托主板，将主板放入机箱。

03 确认主板的 I/O 接口安装到位。

04 拧紧机箱内部的主板螺丝，将主板固定在机箱上（在安装螺丝时，注意每颗螺丝不要一次性就拧紧，等全部螺丝安装到位后，再将每粒螺丝拧紧，这样做的好处是可以在安装主板的过程中，随时对主板的位置进行调整）。

05 完成以上操作后，主板被牢固地固定在机箱中。

2.2.3 ◆ 安装内存

　　将主板安装在机箱上后，用户可以将内存安装在主板上。若用户购买了 2 根或 3 根内存，想组成多通道系统，则在安装内存前，还需要查看主板说明书，并根据说明书中的介绍将内存插在同色或异色的内存插槽中。

- >

【例2-5】在电脑主板上安装内存。

< -

01 在安装内存时，先用手将内存插槽两端的扣具打开。

02 将内存平行放入内存插槽中，用两拇指按住内存两端轻微向下压。

03 听到"啪"的一声响后，即说明内存安装到位。

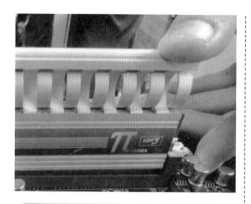

知识点滴

【主板上的内存插槽一般采用两种不同颜色来区分双通道和单通道。将两条规格相同的内存插入到主板上相同颜色的内存插槽中，可以打开主板的双通道功能。

2.2.4 安装硬盘

在完成 CPU、内存和主板的安装后，下面需要将硬盘固定在机箱的 3.5 寸硬盘托架上。对于普通的机箱，用户只需要将硬盘放入机箱的硬盘托架上，拧紧螺丝使其固定即可。

【例2-6】在电脑主板上安装硬盘。

01 机箱的硬盘托架设计有相应的扳手，拉动扳手可将硬盘托架从机箱中取下。

02 在取出硬盘托架后，将硬盘装入托架。

03 接下来，使用螺丝将硬盘固定在硬盘托架上。

04 将硬盘托架重新装入机箱，并把固定扳手拉回原位，固定好硬盘托架。

05 最后，检查硬盘托架与其中的硬盘是否被牢固地固定在机箱中，完成硬盘的安装。

知识点滴

除了本例中介绍的硬盘的安装方法以外，视机箱的类型不同，还有几种安装硬盘的方式。用户在安装时可以参考随机箱附带的说明书，本书不再逐一介绍。

2.2.5 安装光驱

DVD 光驱与 DVD 刻录光驱的功能虽不一样，但其外形和安装方法都是一样的（类似于硬盘的安装方法）。用户可以参考下面介绍的方法，在电脑中安装光驱。

【例2-7】在电脑主板上安装光驱。

01 在电脑中安装光驱的方法与安装硬盘类似，用户只需将机箱中的 4.25 寸托架的面板拆除。然后将光驱推入机箱并拧紧光驱侧面的螺丝即可。

02 成功安装光驱后，用户只需要检查其没有被装反即可。

2.2.6 安装电源

安装完前面介绍的一些硬件设备后，接着需要安装电脑电源。安装电源的方法十分简单，并且现在不少机箱会自带电脑电源。若购买了此类机箱，则无须再次动手安装电源。

【例2-8】在电脑机箱中安装电源。

01 将电脑电源从包装中取出。

02 将电源放入机箱为电源预留的托架中。注意电源线所在的面应朝向机箱的内侧。

03 最后，使用螺丝将电源固定在机箱上即可。

2.2.7 安装显卡

目前，PCI-E 接口的显卡是市场上的主流显卡。在安装显卡之前，用户首先应在主板上找到 PCI-E 插槽的位置。如果主板有两个 PCI-E 插槽，则任意一个插槽均能使用。

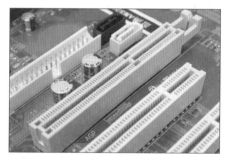

【例2-9】在电脑机箱中安装显卡。

01 在主板上找到 PCI-E 插槽，用手轻握显卡两端，垂直对准主板上的显卡插槽，将其插入主板的 PCI-E 插槽中。

02 用螺丝将显卡固定在主板上，然后连接辅助电源即可。

2.3 连接数据线

主机中的一些设备是通过数据线与主板进行连接的，例如硬盘、光驱等。本节将详细介绍通过数据线，将机箱内的硬件组件和主板相连接的方法。目前，常见的数据线有 SATA 数据线与 IDE 数据线两种。随着 SATA 接口逐渐代替 IDE 接口，目前已经有相当一部分的光驱采用 SATA 数据线与主板连接。

【例2-10】用数据线连接主板和光驱、主板和硬盘。

01 打开电脑机箱，将 IDE 数据线的一头与主板上的 IDE 接口相连。IDE 数据线接口上有防插反凸块，在连接 IDE 数据线时，用户只需要将防插反凸块对准主板 IDE 接口上的凹槽，将 IDE 接口平推进凹槽即可。

02 将 IDE 数据线的另一头与光驱后的 IDE 接口相连。

03 取出购买配件时附带的 SATA 数据线后，将 SATA 数据线的一头与主板上的 SATA 接口相连。

04 将 SATA 数据线的另一头与硬盘上的 SATA 接口相连。

05 完成以上操作后，将数据线用捆线绳或扎带捆绑在一起，以免散落在机箱内。

2.4 连接电源线

在连接完数据线后，用户可以参考下面实例中介绍的方法，将机箱电源的电源线与主板以及其他硬件设备相连接。下面将通过一个简单的实例，详细介绍连接电脑电源线的方法。

【例2-11】连接电脑主板、硬盘、光驱的电源线。

01 将电源盒引出的 24pin 电源插头插入主板上的电源插座中（目前，大部分主板的电源接口为 24pin，但也有部分主板采用 20pin 电源）。

02 CPU 供电接口部分采用 4pin（或 6pin、8pin）的加强供电接口设计，将其与主板上相应的电源插座相连即可。

03 将电源线上的普通四针梯形电源接口，插入光驱背后的电源插槽中。

04 将 SATA 设备电源接口与电脑硬盘的电源插槽相连。

2.5 连接控制线

在连接完数据线与电源线后，会发现机箱内还有很多细线插头（跳线），将这些细线插头连接到主板对应位置的插槽中后，即可使用机箱前置的 USB 接口以及其他控制按钮。

2.5.1 连接前置 USB 接线

由于 USB 设备安装方便、传输速度快的特点，目前市场上采用 USB 接口的设备也越来越多，例如 USB 鼠标、USB 键盘、USB 读卡器、USB 摄像头等，主板面板后的 USB 接口已经无法满足用户的使用需求。现在主流主板都支持 USB 扩展功能，使用具有前置 USB 接口的机箱提供的扩展线，即可连接前置 USB 接口。

1 前置 USB 接线

目前，USB 成为日常使用范围最多的接口，大部分主板提供了高达 8 个 USB 接口，但一般在背部的面板上仅提供 4 个，剩余的 4 个需要安装到机箱前置的 USB 接口上，以方便使用。

常见机箱上的前置 USB 接线分为一体式接线（跳线）和独立式接线（跳线）两种。

2 主板 USB 针脚

主板上前置 USB 针脚的连接方法不仅根据主板品牌型号的不同而略有差异，而且独立式 USB 接线与一体式 USB 接线的接法也不相同，具体如下：

● 一体式 USB 接线：一体式 USB 接线上有防插错设计，方向不对无法插入主板上的针脚中。

● 独立式 USB 接线：由 USB2+、USB2-、GND、VCC 几组插头组成，分别对应主板上不同的 USB 针脚。其中 GND 为接地线，VCC 为 USB +5V 的供电插头，USB2+ 为正电压数据线，USB2- 为负电压数据线。

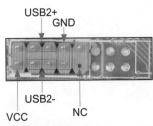

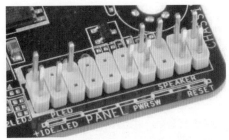

2.5.2 ◀ 连接机箱控制开关

在使用电脑时，用户常常会用到机箱面板上的控制按钮，如启动电脑、重新启动电脑、查看电源与硬盘工作指示灯等。这些功能都是通过将机箱控制开关与主板对应插槽连线来实现的，用户可以参考下面介绍的方法，连接各种机箱控制开关。

1 连接开关、重启和 LED 灯接线

在所有机箱面板上的接线中，开关接线、重启接线和 LED 灯接线（跳线）是最重要的三条接线。

● 开关接线用于连接机箱前置面板上的电脑 Power 电源按钮，连接该接线后用户可以启动与关闭电脑。

● 重启接线用于连接机箱前置面板上的 Reset 按钮，连接该接线后用户可以通过按下 Reset 按钮重启电脑。

● LED 灯接线包括电脑的电源指示灯接线和硬盘状态灯接线两种接线，分别用于显示电脑电源和硬盘的状态。

通常，在连接开关、重启和 LED 灯接线时，用户只需参考主板说明书中的介绍或使用主板上的接线工具即可。

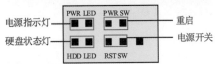

2 连接前置音频接线

目前常见主板上均提供了集成的音频芯片，并且性能上完全能够满足绝大部分用户的需求，因此很多普通电脑用户在组装电脑时，便没有再去单独购买声卡。为了方便用户使用，大部分机箱除了具备前置的 USB 接口外，音频接口也被移到了机箱的前置面板上，为使机箱前置面板上的

耳机和话筒能够正常使用，用户在连接机箱控制线时，还应该将前置的音频接线与主板上相应的音频接线插槽正确地进行连接。

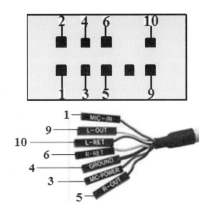

在连接前置音频接线时，用户可以参考主板说明书上的接线图。

2.6 安装电脑外部设备

完成主机内部硬件设备的安装与连接后，用户需要将电脑主机与外部设备连接在一起。电脑外设主要包括显示器、鼠标、键盘和电源线等。连接外部设备时应做到"辨清接头，对准插上"。

2.6.1 连接显示器

显示器是电脑的主要 I/O 设备之一，它通过一条视频信号线与电脑主机上的显卡视频信号接口连接。常见的显卡视频信号接口有 VGA、DVI 与 HDMI 3 种，显示器与主机之间所使用的视频信号线一般为 VGA 视频信号线和 DVI 视频信号线。

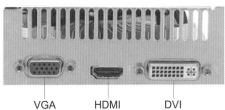

VGA　HDMI　DVI

VGA(Video Graphics Array) 是 IBM 在 1987 年随 PS/2 机一起推出的一种视频传输标准，具有分辨率高、显示速率快、颜色丰富等优点，在彩色显示器领域得到了广泛应用。不支持热插拔，不支持音频传输。

DVI(Digital Visual Interface，数字视频接口，是 1999 年由 Silicon Image、Intel(英特尔)、Compaq(康柏)、IBM、HP(惠普)、

NEC、Fujitsu(富士通) 等公司共同组成的 DDWG (Digital Display Working Group，数字显示工作组) 推出的接口标准。

高清晰度多媒体接口 (High Definition Multimedia Interface，HDMI) 是一种数字化视频 / 音频接口技术，是适合影像传输的专用型数字化接口，可同时传送音频和影像信号，最高数据传输速度为 18Gb/s (2.0 版)。

连接主机与显示器时，使用视频信号线的一头与主机上的显卡视频信号插槽连接，将另一头与显示器背面的视频信号插槽连接即可。

2.6.2 ◀ 连接鼠标和键盘

目前，台式电脑常用的鼠标和键盘有 USB 接口与 PS/2 接口两种：

● USB 接口的键盘、鼠标与电脑主机背面的 USB 接口相连。

● PS/2 接口的键盘、鼠标与主机背面的 PS/2 接口相连 (一般鼠标与主机上的绿色 PS/2 接口相连，键盘与紫色 PS/2 接口相连)。

2.7 开机检测组装的电脑

在完成组装电脑硬件设备的操作后，下面可以通过开机检测来查看连接是否存在问题。若一切正常，则可以整理机箱并合上机箱盖，完成组装电脑的操作。

2.7.1 ◀ 启动电脑前的检查工作

组装完电脑后不要立刻通电开机，还要再仔细检查一遍，以防出现意外。

● 检查主板上的各个控制线 (跳线) 的连接是否正确。

● 检查各个硬件设备是否安装牢固，如CPU、显卡、内存、硬盘等。

● 检查机箱中的连线是否搭在风扇上，以防影响风扇散热。

● 检查机箱内有无其他杂物。

● 检查外部设备是否连接良好，如显示器、音箱等。

2.7.2 进行开机检测

用户把各种配件组装完成之后，需开机检测电脑有无硬件故障和兼容性故障，以便在第一时间更换新的部件。这时因为还没有安装系统软件，所以不会有软件故障。

首先将电脑摆好，打开主机和显示器电源开关，如果一切正常，就能够看到显示器屏幕上有文字信息显示，从屏幕上显示的信息中可以了解硬件的实际参数，包括显卡参数、主板 BIOS 参数、CPU 的类型及频率、内存容量等，通过屏幕显示的信息可以核对一下选购的硬件，如没有问题就可以进行系统安装了。

但是装机难免会存在这样和那样的问题，如果开机之后，出现一些奇怪的现象，这就要求我们具备一些排查问题的能力，找出问题的真正原因，看是部件之间的连接问题，还是部件之间的兼容问题，或是某个部件出现了故障。如果是某个部件的问题，可以在第一时间更换新的部件；如果是部件之间的兼容问题，找出是哪个部件不兼容，可以及时更换另一品牌或其他型号的部件。

2.7.3 整理机箱

开机检测无问题后，即可整理机箱内部的各种线缆。整理机箱内部线缆的主要原因有下几点：

● 电脑机箱内部线缆很多，如果不进行整理，会非常杂乱，显得很不美观。

● 电脑在正常工作时，机箱内部各设备的发热量也非常大。如果线路杂乱，就会影响机箱内的空气流通，降低整体散热效果。

● 机箱中的各种线缆，如果不整理整齐，很可能会卡住 CPU、显卡等设备的风扇，影响其正常工作，从而导致各种故障出现。

2.8 进阶实战

本章的进阶实战将通过介绍拆卸与更换硬盘、安装 CPU 散热器两个具体的实例，引导用户进一步了解电脑的结构，并掌握组装电脑的必要知识，用户可以通过练习巩固本章所学内容。

2.8.1 拆卸与更换硬盘

在电脑的日常使用与维护过程中，有时用户要对硬盘进行拆卸与重新安装，以便对硬盘进行检修或移至其他电脑上使用。下面将详细介绍拆卸与更换电脑硬盘的具体方法。

【例2-12】拆卸与更换硬盘。

01 断开电脑主机电源。
02 拆开机箱侧面的盖板。

05 至此，硬盘的拆卸工作就完成了。更换硬盘后，连接新硬盘的数据线和电源线。
06 完成后，用螺丝刀将硬盘固定在机箱上的硬盘托架内，并重新装好机箱挡板。

2.8.2 安装 CPU 散热器

用户可以参考下面介绍的方法，为CPU 安装大型散热设备。

【例2-13】安装CPU散热器。

01 在安装散热器之前，首先应拆开散热器包装，整理并确认散热器各部分配件是否齐全。

03 使用螺丝刀拧下用于固定硬盘的螺丝钉。
04 将硬盘从硬盘托架中拿出后，拔下连接硬盘的电源线，然后再拔下连接硬盘的SATA 数据线。

02 使用配件中的铁条将散热风扇固定在散热片上。

03 接下来，安装散热器底座上的橡胶片。大型散热器一般支持多种主板平台，在安装底座时，用户可以根据实际需要调整散热器底座螺丝孔的孔距。

04 安装散热器底部扣具接口，将散热器底部的螺丝松脱，然后将这些对应的扣具插入散热器与卡片之间。

05 将不锈钢条牢牢固定在散热器底部后，用手摇晃一下，看看是否有松动。

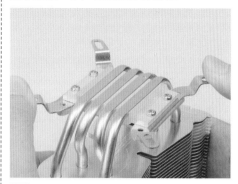

06 将组装好的散热器底座扣到主板后面，这里要注意，一定要对正，并且仔细观察底座的金属部分是否碰到主板上的焊点。

07 将散热器落到主板上对准孔位准备进行安装。

08 使用螺丝将散热器固定在主板上。在固定四颗螺丝时一定不要单颗拧死后才进行拧下一颗螺丝的操作。正确的方法应该是每一颗拧一点，四颗螺丝循环调整，直到散热器稳定地锁在主板上。

09 最后，连接散热器电源，完成散热器的安装。

2.9 疑点解答

●┤问：如果购买的显卡只支持 VGA 接口，且购买的液晶显示器只支持 DVI 接口，该如何连接？

答：用户在购买显卡与显示器时，应注意选购支持相同接口的设备。若已经购买并出现上述情况，则可以购买一个 DVI 与 VGA 信号转接口，然后通过它将显卡与显示器连接起来。

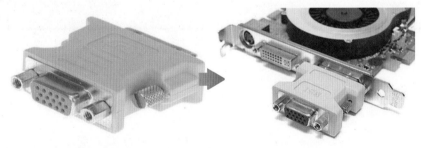

第3章

电脑硬件的选购

电脑的硬件设备是电脑的基础，本章将主要介绍电脑各部分硬件的选购常识，详细讲解获取电脑硬件信息，通过分析硬件性能指标以及识别硬件物理结构的方法，进一步掌握电脑硬件的相关知识。

3.1 选购 CPU

　　CPU 主要负责接收与处理外界的数据信息，然后将处理结果传送到正确的硬件设备。它是各种运算和控制的核心，本节将介绍在选购 CPU 时，用户应了解的相关知识。

3.1.1 CPU 的介绍

　　中央处理器 (CPU, Central Processing Unit) 是一块超大规模的集成电路，是一台电脑的运算核心和控制核心，主要包括运算器 (ALU, Arithmetic and Logic Unit) 和控制器 (CU, Control Unit) 两大部件。此外，还包括若干个寄存器和高速缓冲存储器以及实现它们之间联系的数据总线、控制总线及状态总线。CPU 与内部存储器和输入 / 输出设备合称为电子电脑的三大核心部件。

1 常见类型

　　目前，市场上常见的 CPU 主要分为 Intel 品牌和 AMD 品牌两种。其中 Intel 品牌的 CPU 稳定性较好，AMD 品牌的 CPU 则有较高的性价比。从性能上对比，Intel CPU 与 AMD CPU 的区别如下：

　🔘 AMD 重视 3D 处理能力，AMD 同档次 CPU 的 3D 处理能力是 Intel 的 120%。AMD CPU 拥有超强的浮点运算能力，让使用 AMD CPU 的电脑在游戏方面性能突出。

　🔘 Intel 更重视的是视频的处理速度，Intel CPU 的优点是优秀的视频解码能力和办公能力，并且重视数学运算。在纯数学运算方面，Intel CPU 要比同档次的 AMD CPU 快 35%。并且相对 AMD CPU 来说，Intel CPU 更加稳定。

2 技术信息

　　随着 CPU 技术的发展，其主流技术不断更新，用户在选购一款 CPU 之前，应首先了解当前市场上各主流型号 CPU 的相关技术信息，并结合自己所选的主板型号做出最终的选择。

　🔘 双核处理器：双核处理器标志着电脑技术的一次重大飞跃。双核处理器是指在一个处理器上集成两个运算核心，从而提高了计算能力。

　🔘 四核处理器：四核处理器即基于单个半导体的一个处理器上拥有 4 个一样功能的处理器核心。换句话说，将 4 个物理处理器核心整合至一个核中。四核 CPU 实际上是将两个 Conroe 双核处理器封装在一起。

● 六核处理器：Core i7 980X 是第一款六核 CPU，基于 Intel 最新的 Westmere 架构，采用业界领先的 32nm 制作工艺，拥有 3.33GHz 主频、12MB 三级缓存，并继承了 Core i7 900 系列的全部特性。

● 八核处理器：八核处理器针对四插槽 (four-socket) 服务器。每个物理核心均可同时运行两个线程，使得服务器上可提供 64 个虚拟处理核心。

3.1.2 CPU 性能指标

CPU 的制作技术不断飞速发展，其性能的好坏已经不能简单地以频率来判断，还需要综合缓存、总线、接口类型和制造工艺等指标参数。下面将分别介绍这些性能指标的含义：

● 主频：主频即 CPU 内部核心工作的时钟频率 (CPU Clock Speed)，单位一般是GHz。同类 CPU 的主频越高，一个时钟周期里完成的指令数也越多，CPU 的运算速度也就越快。但是由于不同种类的 CPU 内部结构不同，往往不能直接通过主频来比较，而且高主频 CPU 的实际表现性能还与外频、缓存大小等有关。带有特殊指令的 CPU，相对一定程度地依赖软件的优化程度。

● 外频：外频指的是 CPU 的外部时钟频率，也就是 CPU 与主板之间同步运行的速度。目前，绝大部分电脑系统中外频也是内存与主板之间同步运行的速度，在这种方式下，可以理解为 CPU 的外频直接与内存相连通，实现两者间的同步运行状态。

● 扩展总线速度：扩展总线速度 (Expansion Bus Speed) 指的就是安装在微机系统上的局部总线，比如 VESA 或 PCI 总线。打开电脑时会看见一些插槽般的东西，这些就是扩展槽，而扩展总线就是 CPU 联系这些外部设备的桥梁。

● 倍频：倍频为 CPU 主频与外频之比。

CPU 主频与外频的关系是：CPU 主频＝外频 × 倍频数。

● 接口类型：随着 CPU 制造工艺的不断进步，CPU 的架构发生了很大的变化，相应的 CPU 针脚类型也发生了变化。目前 Intel 四核 CPU 多采用 LGA 775 接口或 LGA 1366 接口；AMD 四核 CPU 多采用 Socket AM2+ 接口或 Socket AM3 接口。

● 总线频率：前端总线 (FSB) 是将 CPU 连接到北桥芯片的总线。前端总线 (FSB) 频率（即总线频率）直接影响 CPU 与内存的数据交换速度。有一条公式可以计算，即数据带宽 =(总线频率 × 数据位宽)/8，数据传输最大带宽取决于所有同时传输的数据的宽度和传输频率。例如，支持 64 位的至强 Nocona，前端总线是 800MHz，按照公式，它的数据传输最大带宽是 6.4GB/ 秒。

● 缓存：缓存大小也是 CPU 的重要指标之一，而且缓存的结构和大小对 CPU 速度的影响非常大。CPU 内缓存的运行频率极高，一般是和处理器同频运作，其工作效率远远大于系统内存和硬盘。缓存分为一级缓存 (L1 CACHE)、二级缓存 (L2 CACHE) 和三级缓存 (L3 CACHE)。

● 制造工艺：制造工艺一般用来衡量组成芯片电子线路或元件的细致程度，通常以 μm(微米) 和 nm(纳米) 为单位。制造工艺越精细，CPU 线路和元件就越小，在相同尺寸芯片上就可以增加更多的元器件。这也是 CPU 内部器件不断增加、功能不断增强而体积变化却不大的重要原因。

🔵 工作电压：工作电压是指 CPU 正常工作时需要的电压。低电压能够解决 CPU 耗电过多和发热量过大的问题，让 CPU 能够更加稳定地运行，同时也能延长 CPU 的使用寿命。

3.1.3 CPU 的选购常识

用户在选购 CPU 的过程中，应了解以下 CPU 选购常识：

🔵 了解电脑市场上大多数商家有关盒装 CPU 的报价，如果发现个别商家的报价比其他商家的报价低很多，而这些商家又不是 Intel 公司直销点的话，那么最好不要贪图便宜而导致上当受骗。

🔵 对于正宗盒装 CPU 而言，其塑料封装纸上的标志水印字迹应是工工整整的，而不应是横着的、斜着的或倒着的（除非在封装时由于操作原因而将塑料封纸上的字扯成弧形），并且正反两面的字体差不多都是这种形式。假冒盒装产品往往是正面字体比较工整，而反面字体歪斜。

🔵 Intel CPU 上都有一串很长的编码。拨打 Intel 的查询热线 8008201100，并把编码告诉 Intel 的技术服务人员，技术服务人员会在电脑中查询该编码。若 CPU 上的序列号、包装盒上的序列号、风扇上的序列号，都与 Intel 公司数据库中的记录一样，则为正品 CPU。

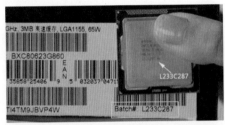

🔵 用户可以运行某些特定的检测程序来检测 CPU 是否已经被作假（超频）。Intel 公司推出了一款名为"处理器标识实用程序"的 CPU 测试软件。这个软件包括 CPU 频率测试、CPU 所支持技术测试以及 CPU ID 数据测试三部分功能。

3.2 选购主板

由于电脑中所有的硬件设备及外部设备都是通过主板与 CPU 连接在一起进行通信，其他电脑硬件设备必须与主板配套使用，因此用户在选购电脑硬件时，应首先确定要使用的主板。本节将介绍在选购主板时，用户应了解的几个问题，包括主板的常见类型、硬件结构、性能指标等。

3.2.1 主板的介绍

主板又称为主机板 (mainboard)、系统板或母板，它能够提供一系列接合点，供处理器 (CPU)、显卡、声卡、硬盘、存储器以及其他对外设备接合 (这些设备通常直接插入有关插槽，或用线路连接)。本节将通过介绍主板常见类型和主流技术信息，帮助用户初步了解有关主板的基础知识。

1 常见类型

主板按其结构分类，可以分为 AT、ATX、Baby-AT、Micro ATX、LPX、NLX、Flex ATX、EATX、WATX 以及 BTX 等几种，其中常见的类型如下：

● ATX 主板：ATX(AT Extend) 结构是一种改进型的 AT 主板，对主板上元件布局做了优化，有更好的散热性和集成度，需要配合专门的 ATX 机箱使用。

● Micro ATX 主 板：Micro ATX 是 依 据 ATX 规格改进而成的一种标准。Micro ATX 架构降低了主板硬件的成本，并减少了电脑系统的功耗。

● BTX 主板：BTX 结构的主板支持窄板设计，其系统结构更加紧凑。能够支持目前流行的新总线和接口，如 PCI-Express 和 SATA 等，并且其针对散热和气流的运动，以及主板线路的布局都进行了优化设计。

2 技术信息

主板是连接电脑各个硬件配件的桥梁，随着芯片组技术的不断发展，应用于主板上的新技术也层出不穷。目前，常见主板上应用的技术有以下几项：

● PCI Express 2.0 技 术：PCI Express 2.0 在 1.0 版本基础上进行了改进，将接口速率提升到了 5GHz，传输性能也翻了一番。

● USB 3.0 技术：USB 3.0 技术提供了 10 倍于 USB 2.0 技术的传输速度和更高的节能效率。

● SATA 2 接口技术：SATA 2 接口技术的主要特征是外部传输率从 SATA 的 150MB/s 进一步提高到了 300MB/s。

● SATA 3 接口技术：SATA 3 接口技术可以使数据传输速度翻番达到 6Gb/s，同时向下兼容旧版规范 SATA Revision 2.6。

● eSATA 接口技术：eSATA 是外置式 SATA 2 规范，是业界标准接口 Serial ATA(SATA) 的延伸。

3.2.2 主板的硬件结构

主板一般采用开放式结构，其正面包含多种扩展插槽，用于连接电脑硬件设备。了解主板的硬件结构，有助于用户根据主板的插槽配置情况选择电脑其他硬件的选购。下面将分别介绍主板各部分元器件的功能。

1 CPU 插槽

CPU 插槽是用于将 CPU 与主板连接的接口。CPU 经过多年的发展，其所采用的接口方式有针脚式、卡式、触电式和引脚式。目前主流 CPU 的接口都是针脚式接口，并且不同的 CPU 使用不同类型的 CPU 插槽。下面将介绍 Intel 和 AMD 公司生产的 CPU 所使用的 CPU 插槽。

● Socket AM2 插槽：目前采用 Socket AM2 接口的有低端的 Sempron、中端的 Athlon 64、高端的 Athlon 64 X2 以及顶级的 Athlon 64 FX 等全系列 AMD 桌面 CPU。Socket AM2 是 2006 年 5 月底 AMD 发布的支持 DDR2 内存的 AMD 64 位桌面 CPU 的接口标准，具有 940 根 CPU 针脚。

● Socket AM3 插槽：Socket AM3 有 938 针的物理引脚，AM3 的 CPU 可以与旧的 Socket AM2+ 插槽和 Socket AM2 插槽在物理上兼容，因为后两者的物理引脚数均为 940 针。所有的 AMD 桌面级 45 纳米处理器均采用了 Socket AM3 插槽。

● LGA 775：在选购 CPU 时，通常都会把 Intel 处理器的插槽称为 LGA 775，其中的 LGA 代表了处理器的封装方式，775 则代表了触点的数量。在 LGA 775 出现之前，Intel 和 AMD 处理器的插槽都被叫作 Socket xxx，其中的 Socket 实际上就是插槽的意思，而 xxx 则表示针脚的数量。

● LGA 1366：LGA 1366 要比 LGA 775A 多出约 600 根针脚，这些针脚会用于 QPI 总线、三条 64 位 DDR3 内存通道等连接。

● LGA 1156：LGA 1156 又称为 Socket H，是 Intel 在 LGA775 与 LGA 1366 之后推出的 CPU 插槽。它也是 Intel Core i3/i5/i7 处理器 (Nehalem 系列) 的插槽，读取速度比 LGA 775 高。

> **知识点滴**
>
> 用户在选购主板时，应首先关注自己选择的 CPU 与主板之间是否兼容。无论用户选择购买 Intel CPU 还是 AMD CPU，都需要购置与其 CPU 针脚相匹配的主板。

2 内存插槽

内存插槽一般位于 CP 插槽的旁边，是主板上必不可少的插槽，并且每块主板都有 2~6 个内存条插槽。内存所支持的内存种类和容量都由主板上的内存插槽决定。内存通过其金手指与主板连接，内存条正反两面都带有金手指。金手指可以在两面提供不同的信号，也可以提供相同的信号。目前，常见主板都带有 4 条以上内存插槽。

3 南北桥芯片

一块电脑主板，以 CPU 插槽为北的话，靠近 CPU 插槽的一个起连接作用的芯片称为"北桥芯片"，英文名：North Bridge Chipset。北桥芯片就是主板上离 CPU 最近的芯片，这主要是考虑到北桥芯片与处理器之间的通信最密切，为了提高通信性能而缩短传输距离。

南桥芯片 (South Bridge) 是主板芯片组的重要组成部分，一般位于主板上离 CPU 插槽较远的下方，PCI 插槽的附近，即靠主机箱前的一面，这种布局是考虑到它所连接的 I/O 总线较多，离处理器远一点有利于布线。相对于北桥芯片来说，其数据处理量并不大，所以南桥芯片一般都没有覆盖散热片，但现在高档主板的南桥芯片也覆盖散热片。南桥芯片不与处理器直接相连，而是通过一定的方式与北桥芯片相连。

4 其他芯片

芯片组是主板的核心组成部分，决定了主板性能的好坏与级别的高低，是"南桥"与"北桥"芯片的统称。但除此之外，在主板上还有用于其他协调作用的芯片（第三方芯片），例如集成网卡芯片、集成声卡芯片以及时钟发生器等。

🔵 **集成网卡芯片**：主板网卡芯片是指整合了网络功能的主板所集成的网卡芯片，与之相对应，在主板的背板上也有相应的网卡接口 (RJ-45)，该接口一般位于音频接口或 USB 接口附近。

🔵 **集成声卡芯片**：现在的主板基本上都集成了音频处理功能，大部分新装电脑的用户都使用主板自带声卡。声卡一般位于主板 I/O 接口附近，最为常见的板载声卡就是 Realtek 的声卡产品，名称多为 ALC XXX，后面的数字代表着这个声卡芯片支持几声道。

时钟发生器：时钟发生器是主板上靠近内存插槽的一块芯片，在其右边找到 ICS 字样的就是时钟发生器，该芯片上最下面的一行字显示其型号。

5 PCI-Express

PCI-Express 是常见的总线和接口标准，有多种规格，从 PCI-Express 1X 到 PCI-Express 16X，能满足现在和将来一定时间内出现的低速设备和高速设备的需求。

6 SATA 接口

SATA 是 Serial ATA 的缩写，即串行ATA。它是一种电脑总线，主要功能是用作主板和大量存储设备（如硬盘及光盘驱动器）之间的数据传输之用。这是一种完全不同于串行 PATA 的新型硬盘接口类型，由于采用串行方式传输数据而得名。SATA

总线使用嵌入式时钟信号，具备了更强的纠错能力，能对传输指令（不仅仅是数据）进行检查，如果发现错误会自动矫正，这在很大程度上提高了数据传输的可靠性。串行接口还具有结构简单、支持热插拔的优点。

7 电源插座

电源插座是主板连接电源的接口，负责为 CPU、内存、芯片组、各种接口卡提供电源。目前常见主板所使用的电源插座都具有防插错结构。

8 I/O（输入/输出）接口

电脑的输入输出接口是 CPU 与外部设备之间交换信息的连接电路，它们通过总线与 CPU 相连，简称 I/O 接口。I/O 接口分为总线接口和通信接口两类。

当需要外部设备或用户电路与 CPU 之间进行数据、信息交换以及控制操作时，应使用电脑总线把外部设备和用户电路连接起来，这时就需要使用总线接口。

当电脑系统与其他系统直接进行数字通信时使用通信接口。

从上图所示的主板外观上看，常见的主板上的 I/O 接口至少应有以下几种：

PS/2 接口：PS/2 接口分为 PS/2 键盘接口和 PS/2 鼠标接口，并且这两种接口完全相同。为了区分键盘接口和鼠标接口，PS/2 键盘接口采用蓝色显示，而 PS/2 鼠标接口则采用绿色显示。

VGA 接口：VGA 接口是电脑连接显示器的最主要接口。

USB 接口：通用串行总线 (Universal Serial Bus，简称 USB) 是连接外部装置的一个串口总线标准，在电脑上使用广泛，几乎所有的电脑主板上都配置了 USB 接口。USB 接口标准的版本有 USB 1.0、USB 2.0 和 USB 3.0。

网卡接口：网卡接口通过网络控制器经网线连接至 LAN 网络。

知识点滴

有些主板还提供同轴 S/PDIF 接口、IEEE 1394 接口以及 Optical S/PDIF Out 光纤接口等其他接口。

音频信号接口：集成有声卡芯片的主板，其 I/O 接口上有音频信号接口。通过不同的音频信号接口，可以将电脑与不同的音频输入 / 输出设备相连 (如耳机、麦克风等)。

3.2.3 主板的性能指标

主板是电脑硬件系统的平台，其性能直接影响到电脑的整体性能。因此，用户在选购主板时，除了应了解其技术信息和硬件结构以外，还必须充分掌握自己所选购主板的性能指标。

下面将分别介绍主板的几个主要性能指标：

支持 CPU 的类型与频率范围：CPU 插槽类型的不同是区分主板类型的主要标志之一，尽管主板型号众多，但总的结构很类似，只是在诸如 CPU 插槽等细节上有所不同。现在市面上主流的主板 CPU 插槽分 AM2、AM3 以及 LGA 775 等几类，它们分别与对应的 CPU 搭配。

对内存的支持：目前主流内存均采用 DDR3 技术，为了发挥内存的全部性能，主板同样需要支持 DDR3 内存。此外，内存插槽的数量可用来衡量一块主板以后升级的潜力。如果用户想要以后通过添加硬件升级电脑，则应选择至少有 4 个内存插槽的主板。

主板芯片组：主板芯片组是衡量主板性能的重要指标之一，它决定主板所能支持的 CPU 种类、频率以及内存类型等。目前主板芯片组的主要生产厂商有 Intel、AMD-ATI、VIA(威盛) 和 NVidia。

对显卡的支持：目前主流显卡均采用 PCI-E 接口，如果用户要使用两块显卡组成 SLI 系统，则主板上至少需要两个 PCI-E 接口。

对硬盘与光驱的支持：目前主流硬盘与光驱均采用 SATA 接口，因此用户要购买的主板至少应有两个 SATA 接口，考虑到以后电脑的升级，推荐选购的主板应至少具有 4~6 个 SATA 接口。

USB 接口的数量与传输标准：由于

USB 接口使用起来十分方便，因此越来越多的电脑硬件与外部设备都采用 USB 方式与电脑连接，如 USB 鼠标、USB 键盘、USB 打印机、U 盘、移动硬盘以及数码相机等。为了让电脑能同时连接更多的设备，发挥更多的功能，主板上的 USB 接口应越多越好。

🔵 超频保护功能：现在市面上的一些主板具有超频保护功能，可以有效地防止用户由于超频过度而烧毁 CPU 和主板，如 Intel 主板集成了 Overclocking Protection(超频保护) 功能，只允许用户适度调整芯片运行频率。

3.2.4 主板的选购常识

用户在了解了主板的主要性能指标后，即可根据自己的需求选择一款合适的主板。下面将介绍在选购主板时，应注意的一些常识问题，为用户选购主板提供参考。

🔵 注意主板电池的情况：电池是为保持 CMOS 数据和时钟的运转而设的。"掉电"就是指电池没电，不能保持 CMOS 数据，关机后时钟也不走了。选购时，应观察电池是否生锈、漏液。

🔵 观察芯片的生产日期：电脑的速度不仅取决于 CPU 的速度，同时也取决于主板芯片组的性能。如果各芯片的生产日期相差

较大，用户就要注意。

🔵 观察扩展槽插的质量：一般来说，方法是仔细观察槽孔内弹簧片的位置和形状，把卡插入槽中后拔出，观察此刻槽孔内弹簧片的位置与形状是否与原来相同。若有较大偏差，则说明该插槽的弹簧片弹性不好，质量较差。

🔵 查看主板上的 CPU 供电电路：在采用相同芯片组时判断一块主板的好坏，最好的方法就是看供电电路的设计。就 CPU 供电部分来说，采用两相供电设计会使供电部分时刻处于高负载状态，严重影响主板的稳定性与使用寿命。

知识点滴

选购主板时用户应根据各自的经济条件和工作需要进行选购。此外，除以上质量鉴别方法外，还要注意主板的说明书及品牌，建议不要购买那些没有说明书或字迹不清无品牌标识的主板。

🔵 观察用料和制作工艺：通常主板的 PCB 板一般是 4~8 层的结构，优质主板一般都采用 6 层以上的 PCB 板，6 层以上的 PCB 板具有良好的电气性能和抗电磁性。

3.3 选购内存

内存是电脑的记忆中心，作用是存储当前电脑运行的程序和数据。内存容量的大小是衡量电脑性能高低的指标之一。

3.3.1 内存的介绍

内存又称为主存，是 CPU 能够直接寻址的存储空间，由半导体器件制成，其最大的特点是存取速度快。内存是电脑中的主要部件，它是相对于外存而言的。用户在日常工作中利用电脑处理的程序 (如 Windows 操作系统、打字软件、游戏软件等)，一般都是安装在硬盘等电脑外存上的。但外存中的程序，电脑是无法使用其功能的，必须把程序调入内存中运行，才能真正使用其功能。用户在利用电脑输入一段文字 (或玩一个游戏) 时，都需要在内存中运行一段相应的程序。

1 常见类型

目前，市场上常见的内存，根据其芯片类型划分，可以分为 SDRAM、DDR、DDR2、DDR3 和 DDR4 等几种类型，各自的特点如下：

● SDRAM：SDRAM(Synchronous DRAM，同步动态随机存储器) 曾经是长时间使用的主流内存，从 430TX 芯片组到 845 芯片组都支持 SDRAM。但随着 DDR SDRAM 的普及，SDRAM 已基本退出主流内存市场。

● DDR：DDR 是目前的主流内存规范，全 称 是 DDR SDRAM(Double Date Rate SDRAM，双倍速率 SDRAM)。目前，DDR 内存运行的频率主要有 100MHz、133MHz、166MHz、200MHz。由于 DDR 内存具有双倍速率传输数据的特性，因此在 DDR 内存的标识上采用了工作频率 ×2 的 方 法，也 就 是 DDR200、DDR266、

DDR333 和 DDR400。

● DDR2：DDR2(Double Data Rate 2) SDRAM 是 由 JEDEC(电子设备工程联合委员会) 进行开发的新生代内存技术标准，它与上一代 DDR 内存技术标准最大的不同就是，虽然都是采用了在时钟的上升 / 下降的同时进行数据传输的基本方式，但 DDR2 内存却拥有两倍于上一代 DDR 内存的预读取能力 (即 4bit 数据预读取)。换句话说，DDR2 内存每个时钟能够以 4 倍于外部总线的速度读 / 写数据，并且能够以相当于内部控制总线 4 倍的速度运行。

● DDR3：DDR3 SDRAM 使用了 SSTL 15 的 I/O 接 口，采 用 CSP、FBGA 封装方式包装。除了延续 DDR2 SDRAM 的 ODT、OCD、Posted CAS、AL 控制方式外，另外新增了更为先进的 CWD、Reset、ZQ、SRT、RASR 功能。DDR3 内存是 DDR2 SDRAM 的后继产品，也是目前市场上流行的主流内存。

DDR4：DDR4 内存将会拥有两种规格。其中使用 Single-ended Signaling 信号的 DDR4 内存，传输速率已经被确认为 1.6Gb/s ～ 3.2Gb/s；而基于差分信号技术的 DDR4 内存，传输速率则可以达到 6.4Gb/s。由于通过一个 DRAM 实现两种接口基本上是不可能的，因此 DDR4 内存将会同时存在基于传统 SE 信号和差分信号的两种规格产品。

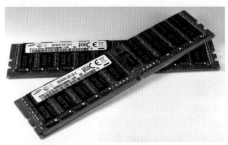

2 技术信息

内存的主流技术随着电脑技术的发展而不断发展，用户在选购内存时，应充分了解当前的主流内存技术信息。

双通道内存技术：双通道内存技术其实是一种内存控制和管理技术，依赖于芯片组的内存控制器发生作用，在理论上能够使两条同等规格内存所提供的带宽增长一倍。双通道内存主要是依靠主板北桥的控制技术，与内存本身无关。目前支持双通道内存技术的主板有 Intel 的 i865 和 i875 系列，SIS 的 SIS655、658 系列，NVIDIAD 的 nFORCE2 系列等。

内存的封装技术：内存的封装技术是将内存芯片包裹起来，以避免芯片与外界接触，防止外界对芯片产生损害的一种技术（空气中的杂质和不良气体，乃至水蒸气都会腐蚀芯片上的精密电路，进而造成电路性能下降）。目前，常见的内存封装类型有 DIP 封装、TSOP 封装、CSP 封装、BGR 封装等。

3.3.2 内存的硬件结构

内存主要由内存芯片、金手指、金手指缺口、SPD 芯片和内存电路板等几个部分组成。从外观上看，内存是一块长条形的电路板。

内存芯片：内存的芯片颗粒就是内存的核心，内存的性能、速度、容量都与内存芯片密切相关。市场上有许多种类的内存，但内存颗粒的型号并不多，常见的有 HY(现代)、三星和英飞凌等。三星内存芯片以出色的稳定性和兼容性知名；HY 内存芯片多为低端产品采用；英飞凌内存芯片在超频方面表现出色。

PCB 板：以绝缘材料为基板加工成一定尺寸的板，它为内存的各电子元器件提供固定、装配时的机械支撑，可实现电子元器件之间的电气连接或绝缘。

金手指：指内存与主板内存槽接触部分的一根根黄色接触点，用于传输数据。金手指是铜质导线，使用时间一长就可能有氧化的现象，进而影响内存的正常工作，容易发生无法开机的故障，所以每隔一年左右的时间可以用橡皮擦清理一下金手指上的氧化物。

内存固定卡口：内存插到主板上后，主板上的内存插槽会有两个夹子牢固地扣住内存两端，这个卡口便是用于固定内存的。

金手指缺口：内存金手指上的缺口用

来防止将内存插反，只有正确安装，才能将内存插入主板的内存插槽中。

知识点滴

内存PCB电路板的作用是连接内存芯片引脚与主板信号线，因此其做工好坏直接关系着系统稳定性。目前主流内存PCB电路板的层数一般是6层，这类电路板具有良好的电气性能，可以有效屏蔽信号干扰。

3.3.3 内存的性能指标

内存的性能指标是反映内存优劣的重要参数，主要包括内存容量、时钟频率、存取时间、延迟时间、奇偶校验、ECC校验、数据位宽和内存带宽等。

• 容量：内存最主要的一个性能指标就是内存的容量，普通用户在购买内存时往往也最关注该性能指标。目前市场上主流内存的容量为2GB、4GB、8GB。

• 频率：内存主频和CPU主频一样，习惯上被用来表示内存的速度，代表着内存所能达到的最高工作频率。内存主频是以MHz(兆赫)为单位计量的。内存主频越高，在一定程度上代表着内存所能达到的速度越快。内存主频决定着该内存最高能在什么样的频率下正常工作。目前市场上常见的DDR2内存的频率为667MHz和800MHz，DDR3内存的频率为1066MHz、1333MHz和2000MHz。

• 工作电压：内存的工作电压是指使内存在稳定条件下工作所需的电压。内存正常工作所需的电压值，对于不同类型的内存会有所不同，但各自均有自己的规格，超出其规格，容易造成内存损坏。内存的工作电压越低，功耗越小，目前一些DDR3内存的工作电压已经降到1.5V。

• 存取时间：存取时间(AC)指的是CPU读或写内存中资料的过程时间，也称总线循环(bus cycle)。以读取为例，CPU发出指令给内存时，便会要求内存取用特定地址的特定资料，内存响应CPU后便会将CPU所需的数据传送给CPU，一直到CPU收到数据为止，这就是读取的过程。内存的存取时间越短，速度越快。

• 延迟时间：延迟时间(CL)是指纵向地址脉冲的反应时间。它是在一定频率下衡量支持不同规范的内存的重要标志之一。延迟时间越短，内存性能越好。

• 数据位宽和内存带宽：数据位宽指的是内存在一个时钟周期内可以传送的数据长度，单位为bit。内存带宽则指的是内存的数据传输率。

3.3.4 内存的选购常识

选购性价比较高的内存对于电脑的性能起着至关重要的作用。用户在选购内存时，应了解以下几个选购常识：

• 检查SPD芯片：SPD可谓内存的"身份证"，它能帮助主板快速确定内存的基本情况。在现今高外频的时代，SPD的作用更大，兼容性差的内存大多是没有SPD或者SPD信息不真实的产品。另外，有一种内存虽然有SPD，但其使用的是报废的SPD，所以用户可以看到这类内存的SPD根本没有与线路连接，只是被孤零零地焊在PCB板上做样子。建议不要购买这类内存。

• 检查PCB板：PCB板的质量也是一个

很重要的决定因素，决定 PCB 板的好坏有好几个因素，例如板材。一般情况下，如果内存使用 4 层板，这种内存在工作过程中由于信号干扰所产生的杂波就会很大，有时会产生不稳定的现象，而使用 6 层板设计的内存，相应的干扰就会小得多。

● 检查内存金手指：内存金手指部分应较光亮，没有发白或发黑的现象。如果内存的金手指存在色斑或氧化现象的话，这条内存肯定有问题，建议不要购买。

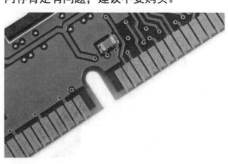

3.4　选购显卡

显卡是主机与显示器之间连接的"桥梁"，作用是控制电脑的图形输出，负责将 CPU 送来的影像数据处理成显示器可以识别的格式，再送到显示器形成图像。本节将详细介绍选购显卡的相关知识。

3.4.1　显卡介绍

显卡是电脑中处理和显示数据、图像信息的专门设备，是连接显示器和电脑主机的重要部件。显卡包括集成显卡和独立显卡，集成显卡是集成在主板上的显示元件，依靠主板和 CPU 进行工作，而独立显卡拥有独立处理图形的处理芯片和存储芯片，可以不依赖 CPU 工作。

1　常见类型

显卡的发展速度极快，从 1981 年单色显卡的出现到现在各种图形加速卡的广泛应用，类别多种多样，所采用的技术也各不相同。一般情况下，可以按照显卡的构成形式和接口类型，将其划分为以下几种类型：

● 按照显卡的构成形式划分：可以将显卡分为独立显卡和集成显卡两种类型。独立显卡指的是以独立板卡形式出现的显卡，集成显卡则指的是主板在整合显卡芯片后，由主板承载的显卡，其又被称为板载显卡。

● 按照显卡的接口类型划分：可以将显卡划分为 AGP 接口显卡和 PCI-E 接口显卡两种。其中 PCI-E 接口显卡为目前的主流显卡，AGP 接口的显卡已逐渐在市场中被淘汰。

2　性能指标

衡量一块显卡的好坏有很多方法，除了使用测试软件测试外，还有很多性能指标可以供用户参考，具体如下：

● 显示芯片的类型：显卡所支持的各种 3D 特效由显示芯片的性能决定，显示芯片相当于 CPU 在电脑中的作用，一块显卡采用何种显示芯片大致决定了这块显卡的档次和基本性能。目前主流显卡的显示芯片主要由 nVIDIA 和 ATI 两大厂商制造。

● 显存容量：显存容量指的就是显卡上显存的容量。现在主流显卡基本上具备的是 512MB 容量，一些中高端显卡配备了 1GB 的显存容量。显存与系统内存一样，其容量也是越大越好，因为显存越大，可以存储的图像数据就越多，支持的分辨率与颜色数也就越高，游戏运行起来就越流畅。

 显存速度：显存速度以 ns(纳秒)为计算单位，现在常见的显存多在 1ns 左右，数字越小，说明显存的速度越快。

 显存频率：常见显卡的显存类型大多为 DDR3，不过已经有不少显卡品牌推出 DDR4 类型的显卡(与 DDR3 相比，DDR4 显卡拥有更高的频率，性能也更强大)。

3.4.2 显卡的选购常识

在选购显卡时，首先应该根据电脑的主要用途确定显卡的价位，然后结合显示芯片、显存、做工和用料等因素进行综合选择。

 按需选购：对用户而言，最重要的是针对自己的实际预算和具体应用来决定购买何种显卡。用户一旦确定自己的具体需求，购买时就可以轻松做出正确的选择。一般来说，按需选购是配置电脑配件的一条基本法则，显卡也不例外。因此，在决定购买之前，一定要了解自己购买显卡的主要目的。高性能的显卡往往对应的是高价格，而且显卡也是配件中更新比较快的产品，所以在价格与性能两者之间寻找一个适于自己的平衡点才是显卡选购的关键所在。

 查看显卡的字迹说明：质量好的显卡，其显存上的字迹即使已经磨损，但仍然可以看到刻痕。在购买显卡时可以用橡皮擦擦拭显存上的字迹，看看擦过之后是否存在刻痕。

 观察显卡的外观：显卡采用 PCB 板的制造工艺及各种线路的分布。一款好的显卡用料足，焊点饱满，做工精细，其 PCB 板、线路、各种元件的分布比较规范。

 软件测试：通过测试软件，可以大大降低购买到伪劣显卡的风险。通过安装正版的显卡驱动程序，然后观察显卡实际的数值是否和显卡标称的数值一致，如不一致就表示此显卡为伪劣产品。另外，通过一些专门的检测软件检测显卡的稳定性，劣质显卡显示的画面就有很大的停顿感，甚至造成死机。

 不盲目追求显存大小：大容量显存对高分辨率、高画质游戏是十分重要的，但并不是显存容量越大越好，一块低端的显示芯片配备 1GB 的显存容量，除了大幅度提升显卡价格外，显卡的性能提升并不显著。

 显卡所属系列：显卡所属系列直接关系显卡的性能，如 NVIDIA Geforce 系列、ATI 的 X 与 HD 系列等。系列越新，功能越强大，支持的特效也更多。

优质风扇与热管：显卡性能的提高，使得其发热量也越来越大，所以选购一块带优质风扇与热管的显卡十分重要。显卡散热能力的好坏直接影响显卡工作的稳定性与超频性能的高低。

查看主芯片防假冒：在主芯片方面，有的杂牌利用其他公司的产品及同公司低档次芯片来冒充高档次芯片。这种方法比较隐蔽，较难分别，只有查看主芯片有无打磨痕迹，才能区分。

3.5 选购硬盘

硬盘是电脑的主要存储设备，是存储电脑数据资料的仓库。此外，硬盘的性能也影响电脑整机的性能，关系电脑处理硬盘数据的速度与稳定性。本节将详细介绍选购硬盘时应注意的相关知识。

3.5.1 硬盘的介绍

硬盘 (Hard Disk Drive，简称 HDD) 是电脑上使用坚硬的旋转盘片为基础的非易失性存储设备。

硬盘在工作时，在平整的磁性表面存储和检索数据。信息通过离磁性表面很近的写头，由电磁流来改变极性方式将电磁流写到磁盘上。早期的硬盘存储媒介是可替换的，不过现在市场上常见的硬盘是固定的存储媒介，被封在硬盘内部 (除了一个过滤孔，用来平衡空气压力)。

1 常见类型

硬盘根据其数据接口类型的不同可以分为 SATA 接口、SATA 2 接口、SCSI 接口、光纤通道和 SAS 接口等几种，各自的特点如下：

知识点滴

目前，市场上主流的硬盘普遍采用 SATA 接口，常见硬盘的容量大都在 500GB、1TB、2TB、3TB、4TB 之间。

SATA 接口：使用 SATA(Serial ATA) 接口的硬盘又称为串口硬盘。

SATA 2 接口：SATA 2 是芯片生产商 Intel 与硬盘生产商 Seagate(希捷) 在 SATA 接口的基础上发展起来的，其主要特征是外部传输率从 SATA 的 150MB/s 进一步提高到了 300MB/s，此外还包括 NCQ(Native Command Queuing，原生命令队列)、端口多路器 (Port Multiplier)、交错启动 (Staggered Spin-up) 等一系列技术特征。

SCSI 接口：SCSI 是与 SATA 完全不同的接口，SATA 接口是普通电脑的标准接口，而 SCSI 并不是专门为硬盘设计的接口，它是一种广泛应用于小型机上的高速数据传输技术。

💧 光纤通道：光纤通道 (Fibre Channel) 和 SCIS 接口一样，最初也不是为硬盘设计开发的接口技术，是专门为网络系统设计的，但随着存储系统对速度的需求，才逐渐应用到硬盘系统中。光纤通道是为提高多硬盘存储系统的速度和灵活性才开发的，它的出现大大提高了多硬盘系统的通信速度。

💧 SAS 接口：它是新一代的 SCSI 技术，和 SATA 硬盘相同，都是采取串行式技术以获得更高的传输速度，可达到 6Gb/s。

2 性能指标

硬盘作为电脑最主要的外部存储设备，其性能也直接影响着电脑的整体性能。判断硬盘性能的主要指标有以下几个：

💧 容量：容量是硬盘最基本、也是用户最关心的性能指标之一，硬盘容量越大，能存储的数据也就越多，对于现在动辄上 GB 安装大小的软件而言，选购一块大容量的硬盘是非常有必要的。目前市场上主流硬盘的容量大于 500GB，并且随着更大容量硬盘价格的降低，TB 硬盘也开始被普通用户接受 (1TB=1024 GB)。

💧 主轴转速：硬盘的主轴转速是决定硬盘内部数据传输率的决定因素之一，它在很大程度上决定了硬盘的速度，同时也是区别硬盘档次的重要标志。目前主流硬盘的主轴转速为 7200rpm，建议用户不要购买更低转速的硬盘，如 5400rpm，否则该硬盘将成为整个电脑系统性能的瓶颈。

💧 平均延迟（潜伏时间）：平均延迟是指当磁头移动到数据所在的磁道后，然后等待所要的数据块继续转动（半圈或多些、少些）到磁头下的时间。平均延迟越小，代表硬盘读取数据的等待时间越短，相当于具有更高的硬盘数据传输率。

💧 单碟容量：单碟容量 (storage per disk) 是硬盘重要的参数之一，一定程度上决定着硬盘的档次高低。硬盘是由多个存储碟片组合而成的，而单碟容量就是磁盘存储碟片所能存储的最大数据量。目前单碟容量已经达到 3TB，这项技术不仅可以带来硬盘总容量的提升，还能在一定程度上节省产品成本。

💧 外部数据传输率：外部数据传输率也称突发数据传输率，是指从硬盘缓冲区读取数据的速率。在硬盘特性表中常以数据接口速率代替，单位为 MB/s。目前主流的硬盘已经全部采用 UDMA/100 技术，外部数据传输率可达 100MB/s。

💧 最大内部数据传输率：最大内部数据传输率 (internal data transfer rate) 又称持续数据传输率 (sustained transfer rate)，单位为 MB/s。它指磁头与硬盘缓存间的最大数据传输率，取决于硬盘的盘片转速和盘片数据线密度（指同一磁道上的数据间隔度）。

💧 连续无故障时间 (MTBF)：连续无故障时间是指硬盘从开始运行到出现故障的最长时间，单位是小时 (h)。一般的硬盘 MTBF 至少在 30000 小时以上。这项指标在一般的产品广告或常见的技术特性表中并不提供，需要时可专门上网到具体生产该款硬盘的公司网站上查询。

3.5.2 硬盘的外部结构

硬盘由一个或多个铝制或玻璃制的碟片组成。这些碟片外覆盖有铁磁性材料。绝大多数硬盘都是固定硬盘，被永久性地密封固定在硬盘驱动器中。从外部看，硬盘的外部结构包括表面和后侧两部分，各自的结构特征如下：

🔘 硬盘表面是硬盘编号标签，上面记录着硬盘的序列号、型号等信息，反面裸露着硬盘的电路板，上面分布着硬盘背面的焊接点。

🔘 硬盘后侧则是电源、跳线和数据线的接口面板，目前主流的硬盘接口均为 SATA 接口。

电路板

硬盘跳线

电源接口

SATA 接口

3.5.3 主流硬盘厂商

目前，市场上主要的生产厂商有希捷、西部数据、日立等。希捷内置式 3.5 英寸和 2.5 英寸硬盘可享有 5 年的质保，其余品牌的盒装硬盘一般是提供 3 年售后服务 (一年包换，两年保修)，散装硬盘则为一年。

1 希捷

希捷公司 (Seagate Technology Cor) 成立于 1979 年，目前是全球最大的硬盘、磁盘和读写磁头制造商，总部位于美国加州圣何各特谷市。希捷在设计、制造和销售硬盘领域居全球领先地位，提供用于企业、台式电脑、移动设备和消费电子的产品。

2 西部数据

西部数据公司 (Western Digital Corp) 是全球知名的硬盘厂商，成立于 1970 年，目前总部位于美国加州，在世界各地设有分公司或办事处，为全球五大洲用户提供存储器产品。长期以来，西部数据一直致力于为全球个人电脑用户提供完善的存储解决方案，而作为全球存储器业内的先驱及长期领导者，西部数据在为用户及收集、管理与使用数字信息的组织方面具有丰富的服务经验，同时也具有良好的口碑，特别是在欧美市场。西部数据曾经是全球第一大硬盘生产商，后被超越成为全球第二大硬盘生产商。

3.5.4 硬盘的选购常识

在介绍了硬盘的一些相关知识后，下面将介绍选购硬盘的一些常识，帮助用户选购一块适合的硬盘。

🔹 选择尽可能大的容量：硬盘的容量是非常关键的，大多数被淘汰的硬盘都是因为容量不足，不能适应日益增长的数据存储

需求。硬盘的容量再大也不为过，容量越大，硬盘上每兆存储介质的成本越低。

🔹 稳定性：硬盘的容量变大了，转速加快了，稳定性问题越来越明显，所以在选购硬盘之前要多参考一些测试数据，对不太稳定的硬盘不要选购。而在硬盘的数据和震动保护方面，各个公司都有一些相关的技术给予支持，常见的保护措施有希捷的 DST(Drive Self Test)、西部数据的 Data Life guard 等。

🔹 缓存：大缓存的硬盘在存取零碎数据时具有非常大的优势，将一些零碎的数据暂存在缓存中，既可以减小系统的负荷，又能提高硬盘数据的传输速度。

🔹 注意观察硬盘配件与防伪标识：用户在购买硬盘时应注意不要购买水货，水货硬盘与行货硬盘最大的直观区别就是有无包装盒。此外，还可以通过国内代理商的包修标贴和硬盘顶部的防伪标识来确认。

3.6 光驱的选购

光驱的主要作用是读取光盘中的数据，而刻录光驱还可以将数据刻录至光盘中保存。目前由于主流 DVD 刻录光驱的价格普遍已不到 200 元，与普通 DVD 光驱相比在价格上已经没有太大差别，因此越来越多的用户在装机时首选 DVD 刻录光驱。

3.6.1 光驱的介绍

光驱也称为光盘驱动器，是一种读取光盘信息的设备。

光盘存储容量大、价格便宜、保存时间长并且适宜保存大量的数据，如声音、图像、动画、视频信息、电影等多媒体信息等，所以光驱是电脑不可缺少的硬件配置。

1 常见类型

光驱按读写方式可分为只读光驱和可读写光驱。

🔹 只读光驱：只有读取光盘上数据的功能，而没有将数据写入光盘的功能。

🔹 可读写光驱：又称为刻录机，既可以读取光盘上的数据，也可以将数据写入光盘（这张光盘应该是一张可写入光盘）。

光驱按接口方式不同分为 ATA/ATAPI 接口光驱、SCSI 接口光驱、SATA 接口光驱、USB 接口光驱、IEEE 1394 接口光驱等。

👉 **ATA/ATAPI 接口光驱**：ATA/ATAPI 接口也称为 IDE 接口，它和 SATA 接口常作为内置式光驱所采用的接口。

👉 **SCSI 接口光驱**：SCSI 接口光驱因需要专用的 SCSI 卡与它相配套使用，所以一般电脑都采用 IDE 接口或 SATA 接口。

👉 **SATA 接口光驱**：SATA 接口光驱通过 SATA 数据线与主板相连，是目前常见的内置光驱类型。

2 技术信息

为了能赢取更多用户的青睐，光驱厂商们推出了一系列的个性化与安全性新技术，让 DVD 刻录光驱拥有更强大的功能。

👉 **光雕技术**：光雕技术是一项用于直接刻印碟片表面的技术，通过支持光雕技术的刻录光驱和配套软件，可以在光雕专用光盘的标签面上刻出高品质的图案和文字，实现光盘的个性化设计、制作、刻录。

👉 **蓝光刻录技术**：蓝光 (Blue-Ray) 是由索尼、松下、日立、先锋、夏普、LG 电子、三星等电子巨头共同推出的新一代 DVD 光盘标准。目前蓝光刻录光驱已经面世，拥有 8 倍速大容量高速刻录，支持 25GB、50GB 蓝光格式光盘的刻录和读取，以及最新的 BD-R LTH 蓝光格式。

👉 **24X 刻录技术**：目前主流内置 DVD 刻录光驱的速度为 20X 与 22X。不过 DVD 刻录的速度一直是各大光驱厂商竞争的指标之一。目前最快的刻录速度已经达到 24X，刻满一张 DVD 光盘仅需要不到 4 分钟的时间。

3.6.2 光驱的性能指标

光驱的各项指标是判断光驱性能的标准，这些指标包括：光驱的数据传输率、平均寻道时间、数据传输模式、缓存容量、

接口类型等。下面将介绍这些指标的作用：

👉 **数据传输率**：数据传输率是光驱最基本的性能指标参数，表示光驱每秒能读取的最大数据量。数据传输率又可分为读取速度与刻录速度。目前主流 DVD 光驱的读取速度为 16X，DVD 刻录光驱的刻录速度为 20X 与 22X。

👉 **平均寻道时间**：平均寻道时间又称平均访问时间，是指光驱的激光头从初始位置移到指定数据扇区，并把该扇区上的第一块数据读入高速缓存所用的时间。平均寻道时间越短，光驱性能越好。

👉 **CPU 占用时间**：是指光驱在维持一定的转速和数据传输速率时占用 CPU 的时间。该指标是衡量光驱性能的一个重要指标，CPU 的占用率可以反映光驱的 BIOS 编写能力。CPU 占用率越少，光驱就越好。

👉 **数据传输模式**：光驱的数据传输模式主要有早期的 PIO 和现在的 UDMA。对于 UDMA 模式，可以通过 Windows 中的设备管理器打开 DMA，以提高光驱性能。

👉 **缓存容量**：缓存的作用是提供数据的缓冲区域，将读取的数据暂时保存，然后一次性进行传输和转换。对于光盘驱动器来说，缓存越大，光驱连续读取数据的性能越好。目前 DVD 刻录光驱的缓存多为 2MB。

👉 **接口类型**：目前市场上光驱的主要接口类型有 IDE 与 SATA 两种。此外，为了满足一些用户的特殊需要，市面上还有 SCSI、USB 等接口类型的光驱出售。

👉 **纠错能力**：光驱的纠错能力指的是光驱读取质量不好或表面存在缺陷的光盘时的纠错能力。纠错能力强的光驱，读取光盘的能力就强。

3.6.3 光驱的选购常识

面对众多的光驱品牌，想要从中挑选出高品质的产品不是一件容易的事。本节

将介绍选购光驱时一些需要注意的事项，作为准备装机的用户参考。

🔘 不过度关注光驱的外观：一款光驱的外观跟光驱的实际使用没有太多直接的关系。一款前置面板不好看的光驱，并不代表它的性能和功能不行，或是代表它不好用。如果用户跟着厂商的引导，将选购光驱的重点放在面板上，而忽略关注产品的性能、功能和口碑，则可能会购买到不合适的光驱。

🔘 不过度追求速度和功能：过高的刻录速度，会提升光驱刻盘的失败几率。对于普通用户来说，刻盘的成功率是很重要的，毕竟一张质量尚可的 DVD 光盘的价格都在两元左右，因此不用太在意光驱的刻录速度，现在主流的刻录光驱速度都在 20X 以上，完全能满足需要。

🔘 注重 DVD 刻录机的兼容性：很多用户在关注光驱的价格、功能、配置和外观的同时，却忽略了一个相当重要的因素，那就是光驱对光盘的兼容性问题。事实上，有很多用户都以为买了光驱和光盘，拿回去就可以正常使用，不会有什么问题出现。但是，在实际使用中，却会发生一些光盘不能够被光驱读取、刻录，甚至是刻录失败等情况。以上这些情况，其实都可以归纳成光驱对光盘的兼容性不是太好。为了能更好地读取与刻录光盘，重视光驱的兼容性是十分必要的。

3.7 选购机箱和电源

了解机箱和电源的主流产品，机箱的作用，机箱的种类，电源的输出功率、接头等指标，机箱的材质、外观、散热能力等指标，掌握选购机箱和电源应该注意的问题。

3.7.1 机箱和电源的介绍

机箱作为电脑配件的一部分，它的作用是放置和固定各电脑配件，起到承托和保护的作用，此外，电脑机箱具有屏蔽电磁辐射的重要作用。

从外观看，机箱包括外壳、开关、USB 扩展接口、指示灯等，另外，机箱的内部还包括各种支架。

ATX 电源是给电脑供电的设备，它的作用是把 220V 的交流电压转换为电脑内部使用的直流 3.3V、5V、12V 的电压。

从外观看，ATX 电源有一个方形的外壳，一端有很多输出线及接口，一端有一个散热风扇。

3.7.2 机箱和电源的品牌

机箱的品牌较多，常见的品牌主要有：游戏悍将、航嘉、鑫谷、爱国者、金河田、先马、至睿、酷冷至尊、GAMEMAX、海盗船、安钛克、绝尘侠等。

电源的品牌较多，目前市场上比较有名的品牌有航嘉、游戏悍将、金河田、鑫谷、长城机电、百盛、世纪之星以及大水牛等，都通过了 3C 认证，选购比较放心。

3.7.3 机箱的作用

机箱的作用主要有以下三个方面：

- 机箱提供空间给电源、主板、各种扩展板卡、光盘驱动器、硬盘驱动器等设备，并通过机箱内部的支撑、支架、各种螺丝或卡子、夹子等连接件将这些配件固定在机箱内部，形成一个整体。

- 机箱坚实的外壳保护着板卡、电源及存储设备，能防压、防冲击、防尘，并且还能发挥防电磁干扰、防辐射的功能，起屏蔽电磁辐射的作用。

- 机箱还提供了许多便于使用的面板开关指示灯等，让用户更方便地操作电脑或观察电脑的运行情况。

3.7.4 机箱的种类

目前主流的机箱主要为 ATX 机箱，除此之外，还有一种 BTX 机箱。

BTX 机 箱 就 是 基 于 BTX(Balanced Technology Extended) 标准的机箱产品。BTX 是由 Intel 定义并引导的桌面计算平台新规范，BTX 机箱与 ATX 机箱最明显的区别就在于把以往只在左侧开启的侧面板，改到了右边。而其他 I/O 接口，也都相应改到了相反的位置，另外支持 Low-Profile(即窄板设计)。BTX 机箱最让人关注的设计重点就在于对散热方面的改进，CPU、显卡和内存的位置相比 ATX 架构都完全不同，CPU 的位置完全被移到了机箱的前板，而不是 ATX 的后部，这是为了更有效地利用散热设备，提升对机箱内各个设备的散热效能。除了位置变化之外，在主板的安装上，BTX 规范也进行了重新规范，其中最重要的是 BTX 机箱拥有可选的 SRM(Support

and Retention Module) 支撑保护模块，它是机箱底部和主板之间的一个缓冲区，通常使用强度很高的低碳钢材来制造，能够抵抗较强的外力而不易弯曲，因此可有效防止主板发生变形。

现在市场上比较普遍的是 AT、ATX、Micro ATX 机箱。ATX 机箱是目前最常见的机箱，支持现在绝大部分类型的主板。Micro ATX 机箱是在 AT 机箱的基础之上建立的，为了进一步节省桌面空间，因而比 ATX 机箱的体积要小一些。各个类型的机箱只能安装其支持的类型的主板，一般是不能混用的，而且电源也有所差别，所以在选购时一定要注意。

3.7.5 机箱的选购

机箱是电脑的外衣，是电脑展示的外在硬件，是电脑其他硬件的保护伞，所以在选购机箱时要注意以下几点：

1 机箱的主流外观

机箱的外观主要集中在两个地方：面板和箱体颜色。目前市场上出现很多彩色的机箱，面板更是五花八门，有采用铝合金的，也有采用有机玻璃的，使得机箱看起来非常鲜明。机箱从过去的单一色逐渐发展为彩色甚至个性色。

2 机箱的主流外观

机箱的材质相对于外观分量就重了许多，因为整个机箱的好坏由材质决定。目前的机箱材质也出现了多元化的趋势，除了传统的钢材，在高端机箱中出现了铝合金材质和有机玻璃材质。这些材质各有各的特色，钢材最大众化，而且散热性非常不错；铝合金作为一种新型材料外观上更漂亮，而在性能上和钢材差别不大；有机玻璃就属于时尚化的产品了，做出的全透明机箱很引人注目，但散热性能不佳是其最大的缺点。做工是另一个重要的问题，从机箱来讲，做工包括以下几个方面：

🔵 **卷边处理**：一般对于钢材机箱，由于钢板材质相对来说还是比较薄的，因此不做卷边处理就可能划伤手，给安装造成很多不便。

🔵 **烤漆处理**：对于一般的钢材机箱烤漆是必需的，谁也不希望机箱用了很短的时间就出现锈斑，因此烤漆十分重要。

🔵 **模具质量**：也就是机箱尺寸是否规整，如果做得不好，用户安装主板、板卡、外置存储器等设备时就会出现螺丝错位的现象，导致不能上螺丝或者不能上紧螺丝，这对于脆弱的主板或板卡是非常致命的。

3 机箱的布局

布局设置包括很多方面的内容，布局与机箱的可扩展性、散热性都有很大的关系。比如风扇的布局位置和设计都会影响机箱的散热状况以及噪声问题。再如硬盘的布局，如果不合理，即使有很多扩展槽，也仍然不能安装多块硬盘，严重影响扩展能力。

4 机箱的散热性能

散热性能对于现在的机箱尤为重要，许多厂商都以此为卖点。机箱的散热包括3个方面：

🔵 材料的可散热性、机箱整体散热情况、散热装置的可扩充性。

🔵 **材质的可扩充性**：虽然机箱主要采用金属材料制作，而这些材料是热的良导体，但是也有很多机箱为了美观装饰而在钢板外遮罩了一层其他材质，这就严重影响了散热性能。

🔵 **散热扩充能力**：散热扩充能力是指用力是否可以增加一些额外的散热器材，比如在3.5英寸硬盘扩充槽处是否可以安装辅助散热风扇等。

5 机箱的安全设计

机箱材料是否导电，是关系到机箱内部的电脑配件是否安全的重要因素。如果机箱材料是不导电的，那么产生的静电就不能由机箱底壳导到地下，严重的话会导致机箱内部的主板等烧坏。

知识点滴

一般来说，好的机箱使用的是1.6mm以上的钢板，而劣质机箱甚至只有0.6mm，同样的材料，厚度的不同也会造成不同的影响。劣质的机箱几乎一只手就能按扁。另外，并不是有了好的钢板，机箱的品质就有了保证，为了保证机箱的承载能力，还必须有好的机械强度设计。

冷镀锌电解板的机箱导电性较好，普通漆的机箱，导电性是不过关的。

6 机箱的安全设计

机箱内部是一个充满了各种频率的电磁信号的地方，良好的电磁屏蔽，不仅对电脑有好处，而且对人体的健康有不可忽视的意义。

良好的电磁屏蔽，就是要尽量减小外壳的开孔和缝隙。具体来说，就是机箱上不能有超过 3cm 的开孔，并且所有可拆卸部件必须能够和机箱导通。在机箱上用来做到这一点的部件就是常说的屏蔽弹片，它们的作用就是将机箱骨架和其他部件连为一体，阻止电磁波的泄漏。

虽然旋转的风扇对于电磁波也有一定的屏蔽作用，但其电磁屏蔽性能大大下降是不争的事实，此时金属过滤网是决不能去掉的。其次，风扇经过长时间的转动后，会积攒不少灰尘，只有加装可拆卸清洗的过滤网，才能解决这个问题，否则不仅影响风扇的工作效率，而且我们清洗时也非常麻烦。

3.7.6 机箱的发展

综观电脑发展历史，机箱在整个硬件的发展过程中，一直在硬件舞台的背后默默无闻地静静成长，虽然其发展速度与其他主要硬件相比要慢很多，但也经历了几次大的变革，为了适应日新月异发展着的主要硬件。从 AT 架构机箱到 ATX 架构机箱，再到后来推出却又推广乏力的 BTX 架构机箱，到如今非常盛行的 38 度机箱，内部布局更加合理，散热效果更理想，再加上更多人性化的设计，无疑给个人电脑带来一个更好的"家"。

机箱架构的变化从侧面反映了个人电脑硬件系统发生的变化，而功能的变化则更加体现了消费者对个人电脑使用舒适性和人性化的要求。近年来，各种实用的功能纷纷亮相在电脑机箱上。如可发送和接收红外线的创导机箱、带触摸屏的数字机箱、集成负离子发生器的绿色机箱等，极大地扩展了机箱的功能，全折边、免螺丝设计、防辐射弹片已经成为机箱的标准功能配置，同时也方便了消费者的使用。相信随着机箱产品同质化愈演愈烈，机箱厂商一定会开拓出更多更实用的功能来满足消费者的不同需求。

3.7.7 电源的接头

电源的接头是为不同设备供电的接口，电源接头主要有主板电源接头、硬盘接头、光驱电源接头等。本节主要介绍主板电源接头。

ATX 电源输出的电压有 +12V、-12V、+5V、-5V、+3.3V 等几种不同的电压。在正常情况下，上述几种电压的输出变化范围允许误差一般在 5% 之内，不能有太大范围的波动，否则容易出现死机和数据丢失的情况。

i915/i925 使用新的电源架构 ATX 12V-24 针，它的标准接口从原来的两个提升至三个。两个 +12V 电压输出分别对 CPU 和其他 I/O 设备进行供电，这样可以减少硬盘光驱等设备对 CPU 工作时的影响，大大提高系统的稳定性。

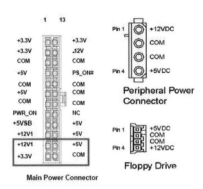

Main Power Connector

Peripheral Power Connector

Floppy Drive

采用双排电源，从 20 针 (2*10) 升级到 24 针 (2*12) 主电源，就像服务器上的双 CPU 主板。只要电源功率足够，仍可使用传统的 20 针电源，但会缺少辅助电源输出功能，某些电源接口会失去作用。使用 20 针电源还要注意一个问题，必须把电源插在第一针上，11、12、23、24 针不要连接。

ATX 12V 电源是 4 针 (2*2) 的接头，提供直接电源给 CPU 电压调整器，CPU 的功耗虽大，但还是在可控制范围之内。1、地线；2、地线；3、+12V；4、+12V。为了降低 CPU 供电部分的发热量，厂商们对电源回路也进行了改进，以往两个 MOSFET 管为一组进行供电，6 个就是三相电源，现在某些主板使用 4 个 MOSFET 管为一组，两组电源供电。把来自两颗 MOSFET 管的热量，平摊到 4 颗上，无论从降低主板供电元器件的温度，还是实现最大可提供的电流强度来说，都有一定的

好处。电源接头的安装方法也相当简单，接口与给主板供电的插槽相同，同样使用了防呆式设计。

3.7.8 电源的选购常识

选购电源时，需要注意电源的品牌、输入技术指标、安全认证、功率的选择、电源重量、线材和散热孔等几点，具体如下。

💡 品牌：目前市场上比较有名的品牌有：航嘉、游戏悍将、金河田、鑫谷、长城机电、百盛、世纪之星以及大水牛等，这些都通过了 3C 认证，选购比较放心。

💡 输入技术指标：输入技术指标有输入电源相数、额定输入电压以及电压的变化范围、频率、输入电流等。一般这些参数及认证标准在电源的铭牌上都有明显的标注。

💡 安全认证：电源认证也是一个非常重要的环节，因为它代表着电源达到了何种质量标准。电源比较有名的认证标准是 3C 认证，它是中国国家强制性产品认证的简称，将 CCEE(长城认证)、CCIB(中国进口电子产品安全认证) 和 EMC(电磁兼容认证) 三证合一。一般的电源都会符合这个标准，若没有最好不要选购。

💡 功率的选择：虽然现在大功率的电源越来越多，但是并非电源的功率越大就越好，最常见的是 350W 的。一般要满足整台电脑的用电需求，最好有一定的功率余量，尽量不要选小功率电源。

● 电源重量：通过重量往往能观察电源是否符合规格，一般来说，好的电源外壳一般都使用优质钢材，所以较重的电源，材质都比较好。电源内部的零件，比如变压器、散热片等，同样是重的比较好。好电源使用的散热片应为铝制甚至铜制的散热片，而且体积越大散热效果越好。一般散热片都做成梳状，齿越深，分得越开，厚度越大，散热效果越好。基本上我们很难在不拆开电源的情况下看清楚散热片，所以直观的办法就是从重量上去判断了。好的电源，一般会增加一些元件，以提高安全系数，

所以重量自然会有所增加。劣质电源则会省掉一些电容和线圈，重量就比较轻。

● 线材和散热孔：电源所使用的线材粗细，与它的耐用度有很大的关系。较细的线材，长时间使用，常常会因为过热而烧毁。另外电源外壳上面或多或少都有散热孔，电源在工作的过程中，温度会不断升高，除了通过电源内附的风扇散热外，散热孔也是加大空气对流的重要设施。原则上电源的散热孔面积越大越好，但是要注意散热孔的位置，位置放对才能使电源内部的热气尽早排出。

3.8 选购显示器

　　显示器是用户与电脑交流的窗口，选购一台满意的显示器可以大大降低用户使用电脑时的疲劳感。液晶显示器凭借高清晰、高亮度、低功耗、占用空间少以及影像显示稳定不闪烁等优势，成为显示器市场上的主流产品。

3.8.1 显示器的介绍

　　显示器 (display) 通常也称为监视器，显示器属于电脑的 I/O 设备，即输入 / 输出设备，是一种将一定的电子文件通过特定的传输设备显示到屏幕上再反射到人眼的显示工具。

1 常见类型

● LCD 显示器：LCD 显示器即液晶显示

器，是目前市场上最常见的显示器类型，优点是机身薄、占用面积少并且辐射小，给人一种健康产品的形象。

● LED 显示器：LED 是一种通过控制半导体发光二极管的显示方式，用来显示文字、图形、图像、动画、行情、视频、录像信号等各种信息的显示屏幕。

● 3D 显示器：3D 显示器一直被公认为显示技术发展的终极梦想，经过多年的研究，现已开发出需佩戴立体眼镜和不需佩

戴立体眼镜的两大立体显示技术体系。

2 性能指标

液晶显示器的性能指标包括尺寸、分辨率、刷新率、防眩光、防反射、观察屏幕视角、亮度、对比度、响应时间、显示色素及可视角度等。

● 尺寸：液晶显示器的尺寸是指屏幕对角线的长度，单位为英寸。液晶显示器的尺寸是用户最为关心的性能参数，也是用户可以直接从外表识别的参数。目前市场上主流液晶显示器的尺寸包括 22 寸、24 寸、27 寸。

● 可视角度：一般而言，液晶的可视角度都是左右对称的，但上下不一定对称，常常是垂直角度小于水平角度。可视角度越大越好，用户必须了解可视角度的定义。当可视角度是 170 度左右时，表示站在始于屏幕法线 170 度的位置时仍可清晰看见屏幕图像。但每个人的视力不同，因此以对比度为准。目前主流液晶显示器的水平可视角度为 170 度，垂直可视角度为 160 度。

● 亮度：液晶显示器的亮度以流明为单位，并且亮度普遍在 250 流明到 500 流明之间。需要注意的一点是，市面上的低档液晶显示器存在严重的亮度不均匀的现象，中心的亮度和距离边框部分区域的亮度差别比较大。

● 对比度：对比度是直接体现液晶显示器能够显示的色阶的参数，对比度越高，还原的画面层次感就越好。即使在观看亮度很高的照片时，黑暗部位的细节也可以清晰体现。

● 分辨率：液晶显示器的分辨率一般不能任意调整，由制造商设置和规定。

● 点距：一般的 14 英寸 LCD 显示器的可视面积为 285.7mm×214.3mm，最大分辨率为 1024×768，那么点距就等于可视宽度/水平像素（或可视高度/垂直像素）。

● 色彩数量：由于工艺不同，液晶显示器的色彩数量要比 CRT 显示器少，目前多数液晶显示器的色彩数量为 18 位色（即 262144 色）。现在的操作系统与显卡完全支持 32 位色，但用户在日常应用中接触最多的依然是 16 位色，而且 16 位色对于现在的常用软件和游戏来说可以满足需要。虽然液晶显示器在硬件上还无法支持 32 位色，但可以通过技术手段来模拟色彩显示，达到增加色彩显示数量的目的。

● 响应时间：响应时间是液晶显示器的一个重要参数，它反映了液晶显示器各像素点对输入信号的反应速度，即当像素点在接收到驱动信号后从最亮到最暗的转换时间。

3.8.2 显示器的选购常识

用户在选购显示器时，应首先询问该款显示器的质保时间，质保时间越长，用户得到的保障也就越多。此外在选购液晶显示器时，还需要注意以下几点：

● 选择数字接口的显示器：用户在选购时还应该看看液晶显示器是否具备了 DVI 或 HDMI 数字接口，在实际使用中，数字接口比 D-SUB 模拟接口的显示效果会更加出色。

● 检查是否有坏点、暗点、亮点：亮点具体情况分为两种，第一种是在黑屏情况下单纯地呈现红、绿、蓝三色的点；第二种是在切换至红、绿、蓝三色显示模式下时，只有在红、绿或蓝中的一种显示模式下有白色点，同时在另外两种模式下均有其他色点的情况，这种情况表明在同一个像素中存在两个亮点。暗点是指在白屏的情况下出现非单纯红、绿、蓝的色点。坏点是比较常见也比较严重的情况，是指在白屏情况下为纯黑色的点或者在黑屏下为纯白色的点。

● 选择响应时间：在选择同类产品时，一定要认真地阅读产品技术指标说明书，因为很多中小品牌的液晶显示器产品在编写说明书时，采用了欺骗消费者的方法，其中最常见的，便是在液晶显示器响应时间这个重要参数上做手脚，这种产品指标说明往往不会明确地标出响应时间的指标是单程还是双程，而仅仅标出单程响应时间，使之看起来比其他品牌的响应时间要短，

因此在选择时，一定要明确这些指标是单程还是双程。

● 选择分辨率：液晶显示器只支持所谓的真实分辨率，只有在真实分辨率下，才能显现最佳影像。在选购液晶显示器时，一定要确保能支持所使用的应用软硬件的原始分辨率，不要盲目追求高分辨率。日常使用时一般 22 英寸显示器的最佳分辨率为1680×1050，24 英寸显示器的最佳分辨率为 1920×1080。

● 选择液晶显示器的另一个重要标准就是外观。之所以放弃传统的 CRT 显示器而选择液晶显示器，除了辐射之外，另一个主要的原因就是液晶显示器的体积小，占用桌面空间较小，产品的外观时尚、灵活。

3.9　选购键盘

键盘是最常见和最重要的电脑输入设备之一，虽然如今鼠标和手写输入应用越来越广泛，但在文字输入领域，键盘依旧有着不可动摇的地位，是用户向电脑输入数据和控制电脑的基本工具。

3.9.1　键盘的介绍

键盘是最常见的电脑输入设备，被广泛应用于电脑和各种终端设备上。用户通过键盘向电脑输入各种指令、数据，指挥电脑的工作。将电脑的运行情况输出到显示器，操作者可以很方便地利用键盘和显示器与电脑对话，对程序进行修改、编辑，控制和观察电脑的运行。

键盘是用户直接接触使用的电脑硬件设备，为了能够让用户可以更加舒适、便捷地使用键盘，厂商推出了一系列键盘新技术。

● 人体工程学技术：人体工程学键盘就是设计成让用户的手不需要扭转太厉害的键盘设计，一般呈现中间突起的三角结构，或者在水平方向一定角度弯曲

按键的设计。这样的设计可以比传统设计的键盘更省力，而且长时间操作不易疲劳。

● USB HUB 技术：随着 USB 设备种类的不断增多，如网卡、移动硬盘、数码设备、打印机等，电脑主板上的 USB 接口越来越不够用。现在一些键盘集成了 USB HUB 技术，扩展了 USB 接口数量，方便用户连接更多的外部设备。

● 多功能键技术：现在一些键盘厂商在设计键盘时，在其中加入了一些电脑常用功能的快捷键，如视频播放控制键、音量开关与大小控制键等。使用这些多功能键，用户可以方便地完成一些常用操作。

● 无线技术：无线键盘是指键盘盘体与电脑之间没有直接的物理连线，通过红外或蓝牙设备进行数据传递。

3.9.2 键盘的分类

键盘是用户和电脑进行沟通的主要工具，用户通过键盘输入要处理的数据和相应的命令，使电脑完成相应的功能。键盘有以下几种分类：

1 按接口分类

键盘的接口有多种：PS/2 接口、USB接口和无线接口。这几种接口只是接口插座不同，在功能上并无区别。其中 USB 口支持热插拔。无线键盘主要是利用无线电传输信号的键盘，这种键盘的优点是没有信号线的干扰。

2 按外形分类

键盘按外形分为传统矩形键盘和人体工程学键盘两种。人体工程学键盘从造型上与传统的键盘有很大的区别，人体工程学键盘在外形上有弧形，在传统的矩形键盘上增加了托，解决了长时间悬腕或塌腕的劳累。目前人体工程学键盘有固定式、分体式和可调角度式等。

3 按工作原理分类

键盘内部构造不同，工作原理也就不同，可分为以下几类。

● 机械键盘 (Mechanical)：采用类似金属接触式开关，工作原理是使触点导通或断开，具有工艺简单、噪音大、易维护、打字时节奏感强，长期使用手感不会改变等特点。

● 塑料薄膜式键盘 (Membrane)：键盘内

部共分4层，实现了无机械磨损。其特点是低价格、低噪音和低成本，但是长期使用后由于材质问题手感会发生变化。已占领市场绝大部分份额。

🐟 导电橡胶式键盘 (Conductive Rubber)：触点的结构是通过导电橡胶相连。键盘内部有一层凸起带电的导电橡胶，每个按键都对应一个凸起，按下时把下面的触点接通。这种类型的键盘是市场由机械键盘向薄膜键盘的过渡产品。

🐟 无接点静电电容键盘 (Capacitive s)：使用类似电容式开关的原理，通过按键时改变电极间的距离引起电容容量改变从而驱动编码器。特点是无磨损且密封性较好。

3.9.3 键盘的选购常识

对于普通用户而言，应选择一款操作舒适的键盘，此外在购买键盘时，还应注意以下几个键盘的性能指标：

🐟 可编程的快捷键：现在键盘正朝着多功能的方向发展，许多键盘除了标准的104键外，还有几个甚至十几个附加功能键，这些不同的按键可以实现不同的功能。

🐟 按键灵敏度：如果用户使用电脑来完成一项精度要求很高的工作，往往需要频繁地将信息输入电脑中。如果键盘按键不灵敏，例如按下对应键后，对应的字符并没有出现在屏幕上；或者按下某个键，对应键周围的其他3个或4个键都被同时激活，就会出现按键失效的情况。

🐟 键盘的耐磨性：键盘的耐磨性也是十分重要的一点，这也是区分键盘好坏的一个参数。一些杂牌键盘，其按键上的字都是直接印上去的，这样用不了多久，上面的字符就会被磨掉；而高级的键盘是用激光将字刻上去的，耐磨性大大增强。

3.10 选购鼠标

鼠标是 Windows 操作系统中必不可少的设备之一，用户可以通过鼠标快速地对屏幕上的对象进行操作。本节将详细介绍鼠标的相关知识，帮助用户选购适合自己使用的优质鼠标。

3.10.1 鼠标的介绍

鼠标是最常用的电脑输入设备之一，可以简单分为有线鼠标和无线鼠标两种。其中有线鼠标根据接口不同，又可分为 PS/2 接口鼠标和 USB 接口鼠标两种。

除此之外，鼠标根据工作原理和内部结构的不同又可以分为机械式鼠标、激光式鼠标和光电式鼠标 3 种。其中光电式鼠标为目前常见的主流鼠标。光电式鼠标已经能够在使用兼容性、指针定位等方面满足绝大部分电脑用户的基本需求，其最新的几个技术信息如下：

⬤ 多键鼠标：多键鼠标是新一代的多功能鼠标，如有的鼠标上带有滚轮，大大方便了上下翻页。有的新型鼠标上除了有滚轮，还增加了拇指键等快速按键，进一步简化了操作程序。

⬤ 人体工程学技术：和键盘一样，鼠标是用户直接接触使用的电脑设备，采用人体工程学设计的鼠标，可以让用户使用起来更加舒适，并且降低使用疲劳感。

⬤ 无线鼠标：无线鼠标是为了适应大屏幕显示器而生产的。所谓"无线"，即没有电线连接，而是采用两节七号或五号电池无线遥控，鼠标器有自动休眠功能，电池可用一年。

⬤ 3D 振动鼠标：3D 振动鼠标不仅可以当作普通的鼠标使用，而且具有以下几个特点：1) 具有全方位的立体控制能力，具有前、后、左、右、上、下 6 个移动方向，而且可以组合出前右、左下等移动方向。2) 外形和普通鼠标不同。一般由一个扇形的底座和一个能够活动的控制器构成。3) 具有振动功能，即触觉回馈功能。玩某些游戏时，当你被敌人击中时，你会感觉到鼠标也振动了。4) 是真正的三键式鼠标，无论 DOS 还是 Windows 环境，鼠标的中键和右键都大派用场。

3.10.2 ▶ 鼠标的选购常识

目前市场上的主流鼠标为光电鼠标。用户在选购光电鼠标时应注意包括光学扫描率、点击分辨率、色盲问题等几项参数，具体如下：

⬤ 光学扫描率：光学扫描率是指鼠标的光眼在每一秒钟所接收光反射信号并将其转

换为数字电信号的次数。鼠标光眼每一秒所能接收的扫描次数越高，鼠标就越能精确地反映出光标移动的位置，其反应速度也就越灵敏，也就不会出现光标跟不上鼠标的实际移动而上下飘移的现象。

● 点击分辨率：点击分辨率是鼠标内部的解码装置所能辨认的每英寸长度内的点数，是一款鼠标性能高低的决定性因素。目前，一款优秀的光电鼠标，其点击分辨率都达到 800dpi 以上。

● 色盲问题：对于鼠标的"光眼"来说，有些光电转换器只能对一些特定波长的色光形成感应并进行光电转化，而并不能适应所有的颜色。这就出现了光电鼠标在某些颜色的桌面上使用会出现不响应或指针遗失的现象，从而限制了其使用环境。而一款成熟的鼠标，则会对其光电转换器的色光感应技术进行改进，使其能够感知各种颜色的光，以保证在各种颜色的桌面和材质上都可以正常使用。

3.11　进阶实战

本章的进阶实战将完成选购电脑声卡与音箱以及观察电脑主机的结构两个项目。通过实例，将使用户对电脑的硬件设备有进一步的认识。

3.11.1　选购声卡和音箱

本节将重点介绍声卡与音箱的特点与选购要点，使用户在了解更多电脑硬件相关知识的同时，进一步掌握电脑硬件的选购规律。

【例3-1】了解并选购电脑声卡和音箱。

01 声卡 (Sound Card) 也叫音频卡，它是多媒体电脑中最基本的组成部分，是实现声波／数字信号相互转换的一种硬件。声卡与显卡一样，分为独立声卡与集成声卡两种，目前大部分主板都提供集成声卡功能，独立声卡已逐渐淡出普通电脑用户的视野。但独立声卡拥有更多的滤波电容以及功放管，经过数次级的信号放大，降噪电路，使得输出音频的信号精度提升，在音质输出效果方面较集成声卡要好很多。

02 用户在选购一款独立声卡时，应综合声卡的声道数量（越多越好）、信噪比、频率响应、复音数量、采样位数、采样频率、多声道输出以及波表合成方式与波表库容量等参数来进行选择。

03 音箱又称扬声器系统，它通过音频信号线与声卡相连，是整个电脑音响系统的最终发声部件，其作用类似于人类的嗓音。电脑所能发出声音的效果，取决于声卡与音箱的质量。

04 在如今的音箱市场中，成品音箱品牌

众多,其质量参差不齐。用户在选购音箱时,应通过试听判断其效果是否能达到自己的需求,包括声音的特性、声音染色以及音调的自然平衡效果等。

3.11.2 观察电脑主机的结构

电脑主机的内部通常由主板、CPU、内存、硬盘、光驱、电源以及各类适配卡组成,打开主机机箱后,即可看到其内部构造。

【例3-2】观察电脑主机的结构。

01 关闭电脑电源后,断开一切与电脑相连的电源,然后拆卸电脑主机背面的各种接头,断开主机与外部设备的连接

02 拧下固定主机机箱背面的面板螺丝后,卸下机箱右侧面板即可打开主机机箱,看到其内部的各种配件。

03 打开电脑主机机箱后,在机箱的主要区域可以看到电脑的主板、内存、CPU、各种板卡、驱动器和电源。

04 在电脑的主机中,内存一般位于 CPU 的内侧,用手掰开其两侧的固定卡扣后,即可拔出内存条。

05 主机中,CPU 的上方一般安装有散热风扇。解开 CPU 散热风扇上的扣具后,可以将其卸下,然后拉起 CPU 插座上的压力杆即可取出 CPU。

06 卸下固定各种板卡(例如显卡)的螺丝后,即可将其从主机中取出(注意主板上的固定卡扣)。

07 拔下连接各种驱动器的数据线和电源线后，拆掉主机驱动器架上用于固定驱动器的螺丝后，可以将其从主机驱动器架上取出。

3.12 疑点解答

◢ 问：PCI-E X1、PCI-E X8、PCI-E X16 是什么意思？它们有什么区别？

答：PCI-E 接口根据总线位宽的不同而有所差异，包括 X1、X4、X8 以及 X16(X2 模式用于内部接口而非插槽模式)，较短的 PCI Express 卡可以插入较长的 PCI Express 插槽中使用。其中 PCI-E X1 可以连接小型设备，如声卡、网卡等；PCI-E X4 和 PCI-E X8 可以连接更高速的设备，老款的显卡大多采用这种接口；PCI-E X16 是最高速的接口，速度最快，插槽也最长，目前主流显卡均采用该接口方式。

第4章

设置BIOS

本章具体学习BIOS与CMOS的不同，BIOS的功能和作用，进入CMOS设置程序，装机常用的CMOS设置方法、设置密码、恢复CMOS默认设置及升级主板BIOS等操作。

4.1 BIOS 的基础知识

BIOS(Basic Input Output System，基本输入输出系统) 是一组固化在电脑主板上一个 ROM 芯片上的程序，保存着电脑最重要的基本输入输出程序、系统设置信息、开机后自检程序和系统自启动程序，主要为电脑提供最直接的硬件设置和控制。

4.1.1 BIOS 和 CMOS 的作用

BIOS 的英文为 "Basic Input/Output System"，意思是 "基本输入 / 输出系统"，其集成在主板的一个芯片上。它为电脑提供最低级、最直接的硬件控制。BIOS 相当于电脑硬件与软件程序之间的一座桥梁，它本身就是一个程序，它负责开机时对系统的各项硬件进行初始化设置和测试，以确保系统能够正常工作。如果硬件不正常则立即停止工作，并把出错的设备信息反馈给用户。

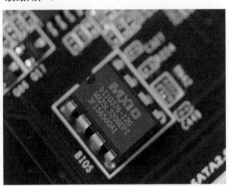

CMOS 是英文 "Complementary Metal Oxide Semiconductor" 的简称，意思是 "互补金属氧化物半导体"。CMOS 是主板上一块可读写的 RAM 芯片，CMOS 的功耗极低，所以电脑中使用一块纽扣电池供电，即可保存其中的信息。CMOS 中存储着电脑的重要信息，主要包括：

- 系统日期和时间。
- 主板上存储器的容量。
- 硬盘的类型和数目。
- 显卡的类型。

当前系统的硬件配置和用户设置的某些参数。

一台电脑的好坏，不能只用硬件性能的优势来衡量，对 BIOS 设置是否得当，在很大程度上会影响电脑的性能。优化 BIOS 设置，能避免硬件可能产生的冲突，提高系统的运行效率。通常在以下情况下需要运行 BIOS 设置。

- 新组装的电脑。
- 重新安装操作系统。
- 更换 CMOS 电池。
- 系统启动时提示错误信息。
- CMOS 的设置丢失。

目前，生产 BIOS 的公司有两家，BIOS 的种类主要有两种：

- American Mega Trends 公司的 AMI BIOS。
- Award Software 公司的 Phoenix-Award BIOS。

4.1.2 BIOS 与 CMOS 的区别

在日常操作与维护电脑的过程中，用户经常会接触到 BIOS 设置与 CMOS 设置，一些电脑用户会把 BIOS 和 CMOS 的概念混淆起来。下面将详细介绍 BIOS 与 COMS 的区别。

🔹 CMOS(Complementary Metal Oxide Semiconductor，互补金属氧化物半导体) 是电脑主板上的一块可读写的 RAM 芯片，由主板电池供电。

🔹 BIOS 是设置硬件的一组电脑程序，该程序保存在主板上的 CMOS RAM 芯片中，通过 BIOS 可以修改 CMOS 参数。

由此可见，BIOS 是用来完成系统参数设置与修改的工具，CMOS 是设定系统参数的存放场所。CMOS RAM 芯片可由主板上的电池供电，这样即使系统断电，CMOS 中的信息也不会丢失。目前电脑的 CMOS RAM 芯片多采用 Flash ROM，可以通过主板跳线开关或专用软件对其重写，以实现对 BIOS 的升级。

4.1.3 ◀ BIOS 的基本功能

BIOS 用于保存电脑最重要的基本输入 / 输出程序、系统设置信息、开机上电自检程序和系统自检及初始化程序。虽然 BIOS 设置程序目前存在各种不同版本，功能和设置方法也各不相同，但主要的设置项基本上是相同的，一般包括如下几个方面：

🔹 设置 CPU：大多数主板采用软跳线的方式来设置 CPU 的工作频率。设置的主要内容包括外频、位频系数等 CPU 参数。

🔹 设置基本参数：包括系统时钟、显示器类型、启动时对自检错误处理的方式。

🔹 设置磁盘驱动器：包括自动检测 IDE 接口、启动顺序、软盘硬盘的型号等。

🔹 设置键盘：包括接电时是否检测硬盘、键盘类型、键盘参数等。

🔹 设置存储器：包括存储器容量、读写时序、奇偶校验、内存测试等。

🔹 设置缓存：包括内 / 外缓存、缓存地址 / 尺寸、显卡缓存设置等。

🔹 设置安全：包括病毒防护、开机密码、Setup 密码等。

🔹 设置总线周期参数：包括 AT 总线时钟 (ATBUS Clock)、AT 周期等待状态 (AT Cycle Wait State)、内存读写定时、缓存读写等待、缓存读写定时、DRAM 刷新周期、刷新方式等。

🔹 管理电源：这是关于系统的绿色环保节能设置，包括进入节能状态的等待延时时间、唤醒功能、IDE 设备断电方式、显示器断电方式等。

🔹 设置即插即用及 PCI 局部总线参数：关于即插即用的功能设置，包括 PCI 插槽 IRQ 中断请求号、CPU 向 PCI 写入直冲、总线字节合并、PCI IDE 触发方式、PCI 突发写入、CPU 与 PCI 时钟比等。

🔹 设置板上集成接口：包括板上 FDC 软驱接口、串行并行接口、IDE 接口允许 / 禁止状态、I/O 地址、IRQ 及 DMA 设置、USB 接口、IrDA 接口等。

4.1.4 ◀ BIOS 的分类

根据制造厂商的不同，可以将 BIOS 程序分为 Award BIOS、Phoenix BIOS、AMI BIOS 三 种 类 型， 由 于 Award 和 Phoenix 已经合并，目前新主板使用的 BIOS 只 有 Phoenix-Award BIOS 和 AMI BIOS 两种。另外，Intel 公司还推出了一种图形化操作的 BIOS——EFT，它将是下一代电脑的主流 BIOS。下面分别进行介绍：

🔹 Phoenix-Award BIOS：Phoenix BIOS 是由 Phoenix 公司开发的 BIOS 程序，而 Award BIOS 是由以前的 Award Software 公司开发的 BIOS 程序，这两种 BIOS 也曾是市场上主流的电脑 BIOS 程序。两家公司合并后，推出了 Phoenix- Award BIOS，它是目前主板上使用最广泛的 BIOS。

AMI BIOS： 开发于20世纪80年代中期，早期的286、386大多采用AMI BIOS，它对各种软硬件的适应性好，能保证系统性能的稳定。到20世纪90年代后，绿色节能电脑开始普及，AMI却没能及时推出新版本来适应市场，使得Award BIOS占领大半壁江山。当然AMI也有非常不错的表现，新推出的版本依然功能强劲。

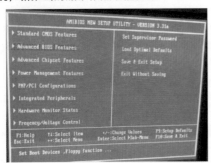

知识点滴

BIOS虽然也是一组程序，但因为系统必须先执行BIOS才能使键盘、光盘上的程序正常工作，所以BIOS程序不能放在这些存储介质中，而必须存放在ROM中，进行永久保存。

EFI BIOS： 可扩展固件接口，它是Intel公司推出的一种在未来的电脑系统中代替传统BIOS的升级方案，它全新的图像优化设计使BIOS设置就像使用操作系统一样简单，代替了传统BIOS的文字界面，并且支持高级显示模式和鼠标操作，目前EFI BIOS已经开始普及，逐步替代传统的BIOS。

4.2 进入BIOS设置程序

本节将通过实例操作结合图片说明的形式，详细介绍设置电脑BIOS的具体方法，并帮助用户进一步了解BIOS的相关知识。

4.2.1 BIOS设置界面

如果需要对BIOS进行设置，在电脑开始启动时按下特定的热键可以进入BIOS设置程序，不同类型的电脑进入BIOS设置程序的方法不同，有的开机时在屏幕下方给出了提示。

Award BIOS： 启动电脑时按Del键进入。

AMI BIOS： 启动电脑时按Del键或Esc键进入。

Award BIOS的设置界面，用方向键

"←"、"↑"、"→"、"↓"移动光标来选择界面上的选项，然后按 Enter 键进入子菜单，用 Esc 键来返回父菜单，用 Page Up 和 Page Down 键来选择具体选项。

4.2.2 认识 BIOS 主界面

开机时按下进入 BIOS 的快捷键，将会进入 BIOS 程序，进入后首先显示的是 BIOS 设置程序的主界面。

```
CMOS Setup Utility - Copyright (C) 1984-2002 Award Software
▶ Standard CMOS Features          Select Language
▶ Advanced BIOS Features          Load Fail-Safe Defaults
▶ Integrated Peripherals          Load Optimized Defaults
▶ Power Management Setup           Set Supervisor Password
▶ PnP/PCI Configurations           Set User Password
▶ PC Health Status                Save & Exit Setup
▶ Frequency/Voltage Control       Exit Without Saving
  Top Performance

Esc : Quit                        F3  : Change Language
F8  : Dual BIOS/Q-Flash           F10 : Save & Exit Setup

              Miscellaneous BIOS Features...
```

BIOS 设置程序的主界面中一般有十几个选项，不过由于 BIOS 的版本和类型不同，BIOS 程序的主界面中的选项也有一些差异，但主要的选项每个BIOS程序都会有，以上图为例讲解其含义。

Standard CMOS Features(标准 CMOS 设定)：用来设定日期、时间、软硬盘规格、工作类型以及显示器类型。

Advanced BIOS Features(BIOS 功能设定)：用来设定 BIOS 的特殊功能，例如开机磁盘优先程序等。

Integrated Peripherals(内建整合设备周边设定)：这由主板整合设备设定。

Power Management Setup(省电功能设定)：设定 CPU、硬盘、显示器等设备的省电功能。

PnP/PCI Configurations(即插即用设备与 PCI 组态设定)：用来设置 ISA 以及其他即插即用设备的中断以及其他参数。

Load Fail-Safe Defaults(载入 BIOS 预设值)：用于载入 BIOS 初始设置值。

Load Optimized Defaults(载入主板 BIOS 出厂设置)：这是 BIOS 的最基本设置，用来确定故障范围。

Set Supervisor Password(管理者密码)：由电脑管理员设置进入 BIOS 修改设置的密码。

Set User Password(用户密码)：用于设置开机密码。

Save & Exit Setup(存储并退出设置)：用于保存已经更改的设置并退出 BIOS 设置。

Exit Without Saving：用于不保存已经修改的设置并退出 BIOS 设置。

4.2.3 装机常用的 BIOS 设置

由于现在的 BIOS 程序智能化程度很高，出厂的设置基本已经是最佳化设置，所以装机时，让用户设置的选项已非常少，一般新装机时只需要设置一下系统时钟和开机启动顺序即可。

1 设置系统时间

进入 BIOS 设置界面后，首先设置 BIOS 的日期和时间，这样在安装操作系统后，系统的日期与时间会自动根据 BIOS 中设置的日期和时间来设置。

【例4-1】在BIOS中设置电脑的日期与时间。

01 首先进入 BIOS 设置界面，使用键盘的方向键，选择【Standard CMOS Features】选项。

02 按 Enter 键，使用方向键移动至日期参数处，按 Page Down 或 Page Up 键设置日期参数，以同样的方法设置时间，按 Esc 键返回。

2 设置启动顺序

启动顺序设置即电脑启动时，设置从硬盘启动，还是从软盘、光驱或从其他设备启动。启动顺序是在新装机或重新安装系统时，必须手动设置的选项，现在主板的智能化程度非常高，开机后可以自动检测到 CPU、硬盘、软驱、光驱等硬件信息，这些在开机后不用再手动设置，但是启动顺序需要手动设置。

⬤ 设置启动顺序的目的：在电脑启动时，首先检测 CPU、主板、内存、BIOS、显卡、硬盘、光驱、键盘等，如这些部件检测通过，接下来将按照 BIOS 中设置的启动顺序从第一个启动盘调入操作系统，正常情况下，都设成从硬盘启动。但是当电脑硬盘中的系统出现故障时，无法从硬盘启动，这时只有通过 BIOS 把第一个启动盘设为软盘或光盘，从软盘或光盘启动电脑，所以在装机或维修电脑时设置启动顺序非常重要。

- -

【例4-2】在BIOS中设置光驱为第一启动设备。

- -

01 进入 BIOS 设置主界面后，使用方向键选择【Advanced BIOS Features】选项。

02 按 Enter 键，进入【Advanced BIOS Features】选项的设置界面，默认选中【First Boot Device】选项。

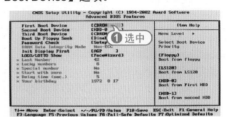

03 按 Enter 键，打开【First Boot Device】选项的设置界面，使用方向键选择【CDROM】选项。。

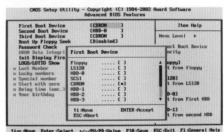

04 按 Enter 键确认，设置光驱为第一启动设备，然后按 Esc 键返回 BIOS 设置主界面。

3 关闭软驱检测

现在组装电脑时都不安装软驱，但是一些低版本的 BIOS 在默认设置下每次开机时都要自动检测软驱，为了缩短自检时间，用户可以设置开机不检测软驱。

【例4-3】设置在开机时不检测软驱。

01 进入 BIOS 设置主界面后，使用方向键选择【Advanced BIOS Features】选项。

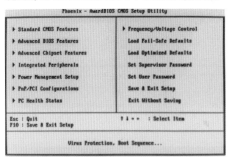

02 在打开的界面中，选择【Boot Up Floppy Seek】选项。然后按 Page Up 或 Page Down 键，选择【Disabled】选项。

03 按 Esc 键返回 BIOS 设置主界面。

4 屏蔽主板板载声卡

目前大部分主板都集成了声卡，若对板载声卡的音质不满意，更换了一块性能更强的独立声卡，则在使用时需要在 BIOS 中设置屏蔽板载声卡。

【例4-4】设置屏蔽主板上的集成声卡。

01 进入 BIOS 设置主界面后，选择【Integrated Peripherals】选项。

02 按 Enter 键进入【Integrated Peripherals】选项的设置界面。

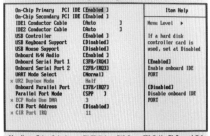

03 使用方向键移至【Onboard H/W Audio】选项。

04 按 Enter 键，打开【Onboard H/W Audio 选项的设置界面】，使用方向键选择 Disabled 选项，最后按下 Enter 键。

5 关闭并退出 BIOS 设置

在进行了一系列的 BIOS 设置操作后，用户需要将设置保存并重新启动电脑，才能使所做的修改生效。

【例4-5】保存并退出BIOS设置。

01 进入 BIOS 设置主界面后，使用方向键选择【Save & Exit Setup】选项。

```
CMOS Setup Utility - Copyright (C) 1984-2002 Award Software

▶ Standard CMOS Features          Select Language
▶ Advanced BIOS Features          Load Fail-Safe Defaults
▶ Integrated Peripherals          Load Optimized Defaults
▶ Power Management Setup           Set Supervisor Password
▶ PnP/PCI Configurations          Set User Password
▶ PC Health Status                Save & Exit Setup
▶ Frequency/Voltage Control       Exit Without ①选中
  Top Performance

Esc : Quit                        F3  : Change Language
F8 : Dual BIOS/Q-Flash            F10 : Save & Exit Setup

            Save Data to CMOS
```

```
CMOS Setup Utility - Copyright (C) 1984-2002 Award Software

▶ Standard CMOS Features          Select Language
▶ Advanced BIOS Features          Load Fail-Safe Defaults
▶ Integrated Peripherals          Load Optimized Defaults
▶ Power Management Setup           Set Supervisor Password
▶ PnP/PCI Configurations          Set User Password
▶ PC Health Status      ┌─────────────────────────────┐ tup
▶ Frequency/Voltage     │ SAVE to CMOS and EXIT (Y/N)? Y │ aving
  Top Performance       └─────────────────────────────┘

Esc : Quit                        F3  : Change Language
F8 : Dual BIOS/Q-Flash            F10 : Save & Exit Setup

            Save Data to CMOS
```

02 按 Enter 键，打开保存提示框，询问是否需要保存。

03 输入 Y，按 Enter 键确认保存并退出 BIOS，自动重新启动电脑。

4.3 升级主板 BIOS

BIOS 程序决定了电脑对硬件的支持，由于新的硬件不断出现，使电脑无法支持旧的硬件设备，这就需要对 BIOS 进行升级，提高主板的兼容性和稳定性，同时还能获得厂家提供的新功能。

4.3.1 升级前的准备

由于现在的 BIOS 芯片都采用 Flash ROM，因此都能通过特定的写入程序实现 BIOS 的升级。

另外，由于 BIOS 升级具有一定的危险，各主办厂商针对自己的产品和用户的实际需求，也开发了许多 BIOS 升级特色技术。

升级 BIOS 时，如果升级失败，将导致电脑无法启动，且处理起来比较麻烦，因此在升级 BIOS 之前应做好以下几方面的准备工作：

1 主板类型及 BIOS 的版本

不同类型的主板 BIOS 升级方法存在差异，可通过查看主板的包装盒及说明书、主板上的标注、开机自检画面等方法查明主板类型。另外需要确定 BIOS 的种类和版本，这样才能找到与其对应的 BIOS 升级程序。

2 准备 BIOS 文件和擦写软件

不同的主板厂商会不定期地推出其 BIOS 升级文件，用户可到主板厂商的官方网站进行下载。对于不同的 BIOS 类型，升级 BIOS 需要相应的 BIOS 擦写软件，如 AWDFlash 等。一些著名的主板会要求使用专门的软件。

3 BIOS 和跳线设置

为了保障 BIOS 升级的顺畅无误，在升级前还需要进行一些相关的 BIOS 设定，如关闭病毒防范功能、关闭缓存和镜像功能、设置 BIOS 防写跳线为可写入状态等。

4.3.2 升级 BIOS 的目的

各个厂商不断升级 BIOS 的原因很多，总结一下主要有以下几点：

💡 由于电脑技术更新的速度很快，因此主板厂商不断地更新主板 BIOS 程序，以让主板能支持新频率、新类型的 CPU。

由于开发 BIOS 程序的过程中，可能会存在一些 Bug，导致莫名其妙的故障，例如无故重启、经常死机、系统效能低下、设备冲突、硬件设备无故"丢失"等。另外，BIOS 编写必然也有不尽如人意的地方，当厂商发现这些问题，或用户反馈 BIOS 的问题后，负责任的厂商都会及时推出新版的 BIOS 以修正这些已知的 Bug，从而解决那些莫名其妙的故障。

4.3.3 开始升级 BIOS

做好 BIOS 升级准备后，便可进入DOS 系统下，运行升级程序进行 BIOS 的升级。关于 DOS 环境，可下载一个 MaxDOS工具进行安装，然后重新启动电脑到该系统下进行操作。

下面将在 DOS 环境下，对一款主板的BIOS 进行升级，并在升级前对 BIOS 进行备份。

【例4-6】在DOS环境下，升级主板的BIOS。

01 打开机箱，查看主板型号，然后在官方网站上搜索，查找对应主板 BIOS 的升级程序。下载与主板 BIOS 型号相匹配的BIOS 数据文件。

02 将下载的 BIOS 升级程序和数据文件复制到 C 盘下，在 C 盘根目录下新建一个名为"UpateBIOS"的文件夹，然后将 BIOS升级程序和数据文件复制到该目录下。

03 重启电脑，在出现开机画面时按下键盘对应键进入 CMOS 设置，进入【BIOS Features Setup】界面，将【Boot Virus Deltection】选项设置为【Disabled】。

04 设置完成后，按 F10 功能键保存退出CMOS 并重启。在电脑启动过程中，不断按F8功能键以进入系统启动菜单，选择【带命令行提示的安全模式】选项。

05 在命令提示符状态下，输入如下图所示命令，将当前目录切换至 c:\UpdateBIOS 下。

06 在命令提示符状态下，输入命令UpdateBIOS，按下 Enter 键，进入 BIOS更新程序，显示器上出现下图画面。

```
C:\>cd UpdateBios

C:\UpdateBIOS>dir
 驱动器 C 中的卷没有标签。
 卷的序列号是 44BB-AF3F

 C:\UpdateBIOS 的目录

2013/01/16  10:41    <DIR>          .
2013/01/16  10:41    <DIR>          ..
2003/01/03  14:39           262,144 Bios.bin
2002/08/27  19:00            39,180 UpdateBios.EXE
               2 个文件          301,324 字节
               2 个目录  4,223,074,304 可用字节

C:\UpdateBIOS>
```

```
        FLASH  MEMORY  WRITER V7.6
   (C)Award Software 2000 All Rights Reserved

For 694X-686A-2A6LJPA9C-0       DATE: 09/06/2000
Flash Type -

File Name to Program :




Error Message:
```

07 根据屏幕提示,输入升级文件名 bios.bin,并按下 Enter 键确定。

```
        FLASH  MEMORY  WRITER V7.6
   (C)Award Software 2000 All Rights Reserved

For 694X-686A-2A6LJPA9C-0       DATE: 09/06/2000
Flash Type - WINBOND 29C020 /5V

File Name to Program :  bios.bin




Error Message:  Do You Want To Save Bios (Y/N)
```

08 刷新程序提示是否备份主板的 BIOS 文件,把目前系统的 BIOS 内容备份到机器上并记住文件名,在此将 BIOS 备份文件命名为 back.bin,以便在更新 BIOS 的过程中发生错误时,可以重新写回原来的 BIOS 数据。

09 在【File Name to Save】文本框中输入要保存的文件名 back.bin。按下 Enter 键,刷新程序开始读出主板的 BIOS 内容,保存成一个文件。

```
        FLASH  MEMORY  WRITER V7.6
   (C)Award Software 2000 All Rights Reserved

For 694X-686A-2A6LJPA9C-0       DATE: 09/06/2000
Flash Type - WINBOND 29C020 /5V

File Name to Program :  bios.bin

File Name to Save :




Error Message:
```

```
        FLASH  MEMORY  WRITER V7.6
   (C)Award Software 2000 All Rights Reserved

For 694X-686A-2A6LJPA9C-0       DATE: 09/06/2000
Flash Type - WINBOND 29C020 /5V

File Name to Program :  bios.bin

File Name to Save :    back.bin
        Now Backup System Bios to file !




Error Message:  Please Wait !
```

10 完成备份后,刷新程序出现的画面如下,询问是否要升级 BIOS。。

```
        FLASH  MEMORY  WRITER V7.6
   (C)Award Software 2000 All Rights Reserved

For 694X-686A-2A6LJPA9C-0       DATE: 09/06/2000
Flash Type - WINBOND 29C020 /5V

File Name to Program :  bios.bin
        Checksum    : F4CDH
File Name to Save :    back.bin




Error Message:  Are you sure to program (y/n)
```

11 选择【y】选项,刷新程序开始正式刷新 BIOS。在刷新 BIOS 的过程中,不要中途关机,否则电脑可能出现错误。

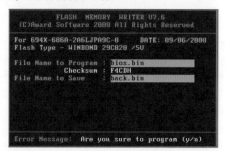

```
        FLASH  MEMORY  WRITER V7.6
   (C)Award Software 2000 All Rights Reserved

For 694X-686A-2A6LJPA9C-0       DATE: 09/06/2000
Flash Type - WINBOND 29C020 /5V

File Name to Program :  bios.bin
        Checksum    : F4CDH
Verifying Flash Memory - 3FFFF OK



■ Write OK    ■ No Update   ■ Write Fail

F1 Reset    F10 Exit
```

12 当进度条达到 100% 时，刷新过程就完成了，刷新程序提示按下 F1 功能键重启电脑或按 F10 功能键退出刷新程序。一般选择重启电脑，按 F10 功能键进入 BIOS 设置，进入【BIOS Features Setup】界面，将【Boot Virus Deltection】选项设置为【Enable】。再次重启电脑，至此，完成 BIOS 的升级工作。

4.4 BIOS 自检报警声的含义

启动电脑，经过大约 3 秒钟，如果一切顺利没有问题的话，机箱里的扬声器就会清脆地发出"滴"的一声，并且显示器出现启动信息。否则，BIOS 自检程序会发出报警声音，根据出错的硬件不同，报警声音也不相同。

4.4.1 Award BIOS 报警声

Award BIOS 报警声的含义解释如下：

1 声长报警音：没有找到显卡。

2 短 1 长声报警音：提示主机上没有连接显示器。

3 短 1 长声报警音：与视频设备相关的故障。

1 声短报警音：刷新故障，主板上的内存刷新电路存在问题。

2 声短报警音：奇偶校验错误。

3 声短报警音：内存故障。

4 声短报警音：主板上的定时器没有正常工作。

5 声短报警音：主板 CPU 出现错误。

6 声短报警音：BIOS 不能正常切换到保护模式。

7 声短报警音：处理器异常，CPU 产生了一个异常中断。

8 声短报警音：显示错误，没有安装显卡，或是内存有问题。

9 声短报警音：ROM 校验和错误，与 BIOS 中的编码值不匹配。

10 声短报警音：CMOS 关机寄存器出现故障。

11 声短报警音：外部高速缓存错误。

4.4.2 AMI BIOS 报警声

AMI BIOS 报警声的含义解释如下：

1 声短报警音：内存刷新失败。

2 声短报警音：内存 ECC 校验错误。解决方法：在 BIOS 中将 ECC 禁用。

3 声短报警音：系统基本内存（第一个 64KB）检查失败。

4 声短报警音：校验时钟出错。解决方法：尝试更换主板。

5 声短报警音：CPU 出错。解决方法：检查 CPU 设置。

6 声短报警音：键盘控制器错误。

7 声短报警音：CPU 意外中断错误。

8 声短报警音：显存读 / 写失败。

9 声短报警音：提示 ROM BIOS 检验错误。

10 声短报警音：CMOS 关机注册时读 / 写出现错误。

11 声短报警音：Cache(高速缓存) 存储错误。

4.4.3 常见错误提示

除了报警提示音外，当电脑出现问题或 BIOS 设置错误时，在显示器屏幕上会显示错误提示信息，根据提示信息，用户可以快速了解问题所在并加以解决。常见错误提示与解决方法如下：

🔘 Press TAB to show POST screen：有一些 OEM 厂商会以自己设计的显示画面来取代 BIOS 预设的开机显示画面。该提示就是要告诉用户，可以按 TAB 键切换厂商的自定义画面与 BIOS 预设的开机画面。

🔘 CMOS battery failed：提示 CMOS 电池电量不足，需要更换新的主板电池。

🔘 CMOS check sum error-defaults loaded：表示 CMOS 执行全部检查时发现错误，因此载入预设的系统设定值。通常发生这种状况都是因为主板电池电力不足造成的，所以不妨先换个电池试试。如果问题依然存在的话，那就说明 CMOS RAM 可能有问题，最好送回原厂处理。

🔘 Display switch is set incorrectly：较旧的主板上有跳线可设定显示器为单色或彩色，而这个错误提示信息表示主板上的设定和 BIOS 里的设定不一致，重新设定即可。

🔘 Press ESC to skip memory test：如果在 BIOS 内没有设定快速加电自检，则开机时就会测试内存。如果不想等待，可按 Esc 键跳过或到 BIOS 设置程序中开启【Quick Power On Self Test】选项。

🔘 Secondary slave hard fail：表示检测从盘失败。原因有两种：CMOS 设置不当，例如没有从盘但在 CMOS 中设有从盘；硬盘的数据线可能未接好或者硬盘跳线设置不当。

🔘 Override enable-defaults loaded：表示当前 BIOS 设定无法启动电脑，载入 BIOS 预设值以启动电脑。这通常是由于 BIOS 设置错误造成的。

4.5 进阶实战

本章的进阶实战部分主要包括设置 BIOS 密码和设置电脑定时关机两个综合实例操作，用户可以通过练习巩固本章所学的知识。

4.5.1 设置 BIOS 密码

用户可以参考下面介绍的方法，为 BIOS 界面设置访问密码。

【例4-7】设置BIOS访问密码。

01 进入 BIOS 设置主界面后，使用方向键选择【Set Supervisor Password】选项，然后按 Enter 键。

进阶技巧

设置的 BIOS 密码字符可以是英文字母、数字、符号和空格键等，且字母将区分大小写。在设置时留意电脑的大小写字母状态，以免再次进入时输入错误密码。

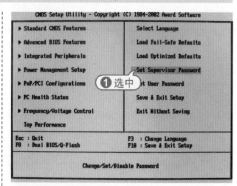

02 打开【Enter Password】对话框，输入设置的密码。

03 按 Enter 键，打开【Confirm Password】对话框，再次输入设置的密码。

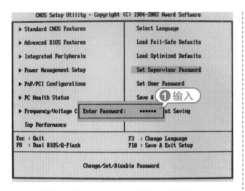

04 输入完成后，按 Enter 键确认并返回。

4.5.2 设置电脑定时关机

在 BIOS 设置界面中，用户可以参考下面介绍的方法，设置电脑定时自动关机。

【例4-8】设置电脑定时关机。

01 在开机时按 Del 键进入 BIOS 设置主界面。使用方向键选择【Power Management Setup】选项后，按 Enter 键。

02 在【Power Management Setup】选项的设置界面中，使用方向键选择【Resume by Alarm】选项。

03 按 Enter 键，在打开的【Resume by Alarm】对话框中选择【Enabled】选项。

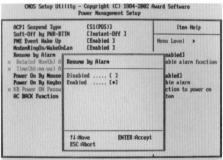

04 按 Enter 键，激活下方的【Time(hh:mm:ss)Alarm】选项，然后配合方向键和数字键设置适当的时间。设置完成后，保存并退出 BIOS，完成电脑定时关机的设置。

4.6 疑点解答

● 问：正在使用电脑时突然停电，当恢复供电时电脑就会自动启动，为什么？如何才能避免这种现象？

答：当恢复供电时电脑自动启动，这时因为在 BIOS 设置中将【断电后电脑的重新启动方式】设置成了【电源恢复时，立刻启动系统】，若要避免这种现象，只需在 BIOS 设置中修改一下即可。

在启动电脑时按 Del 键，进入 BIOS 设置的主界面，使用方向键选择【Power Management Setup】选项，按 Enter 键进入该选项的设置界面，然后使用方向键选择【AC BACK Function】选项，再次按 Enter 键，在打开的【AC BACK Function】对话框中使用方向键选择【Soft-Off】选项，然后保存并退出 BIOS 设置界面即可。其中涉及的选项含义分别如下。

【Power Management Setup】：该选项用来设置电源管理的相关参数。

【AC BACK Function】：设定断电后重新启动电脑的方式，可以设置以下选项。

● 【Soft-Off】：断电后电脑处于关机状态，需要按电源键才能重新启动系统。

● 【Full-On】：电源恢复时，立刻启动系统。

● 【Memory】：当电源恢复时，恢复至系统断电前的状态。

第5章

安装与配置操作系统

在为电脑安装操作系统之前，需要对电脑的硬盘进行分区和格式化。分区是指将硬盘划分成多个区域；而格式化是为硬盘的各个分区选择所需的文件系统。对电脑硬盘进行分区和格式化之后，就可以安装操作系统了。

对应光盘视频

5.1 认识硬盘分区与格式化

简单地说，硬盘分区就是将硬盘内部的空间划分为多个区域，以便在不同的区域中存储不同的数据；而格式化硬盘则是将分区好的硬盘，根据操作系统的安装格式需求进行格式化处理，以便在系统安装时，安装程序可以对硬盘进行访问。

5.1.1 认识硬盘分区

硬盘分区是指将硬盘划分为多个区域，以便数据的存储与管理。对硬盘进行分区主要包括创建主分区、扩展分区和逻辑分区3部分。主分区一般安装操作系统，将剩余的空间作为扩展空间，在扩展空间中再划分一个或多个逻辑分区。

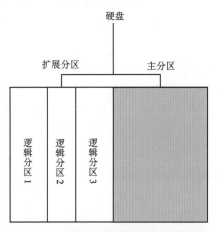

进阶技巧

一块硬盘上只能有一个扩展分区，而且扩展分区不能被直接使用，必须将扩展分区划分为逻辑分区才能使用。在 Windows 7、Linux 等操作系统中，逻辑分区的划分数量没有上限。但分区数量过多会造成系统的启动速度变慢，而单个分区的容量过大也会影响到系统读取硬盘的速度。

5.1.2 硬盘的格式化

硬盘格式化是指将一张空白的硬盘划分成多个小的区域，并且对这些区域进行编号。对硬盘进行格式化后，系统就可以读取硬盘，并在硬盘中写入数据了。做个形象比喻，格式化相当于在一张白纸上用铅笔打上格子，这样系统就可以在格子中读写数据了。如果没有格式化操作，电脑就不知道要从哪里写、哪里读。另外，如果硬盘中存有数据，那么经过格式化操作后，这些数据将会被清除。

5.1.3 常见文件系统简介

文件系统是基于存储设备而言的，通过格式化操作可以将硬盘分区和格式化为不同的文件系统。文件系统是有组织地存储文件或数据的方法，目的是便于数据的查询和存取。

在 DOS/Windows 系列操作系统中，常使用的文件系统为 FAT 16、FAT 32、NTFS 等。

🔵 FAT 16：FAT 16 是早期 DOS 操作系统下的格式，它使用 16 位的空间来表示每个扇区配置文件的情形，故称为 FAT 16。由于设计上的原因，FAT 16 不支持长文件名，受到 8 个字符的文件名加 3 个字符的扩展名的限制。另外，FAT 16 所支持的单个分区的最大尺寸为 2GB，单个硬盘的最大容量一般不能超过 8GB。如果硬盘容量超过8GB，8GB 以上的空间将会因无法利用而浪费，因此该类文件系统对磁盘的利用率较低。此外，此系统的安全性比较差，易受病毒的攻击。

💡 FAT 32：FAT 32 是 继 FAT 16 后 推出的文件系统，它采用 32 位的文件分配表，并且突破了 FAT 16 分区格式中每个分区容量只有 2GB 的限制，大大减少了对磁盘的浪费，提高了磁盘的利用率。FAT 32 分区格式也有缺点，由于这种分区格式支持的磁盘分区文件表比较大，因此其运行速度略低于 FAT 16 分区格式的磁盘。

💡 NTFS：NTFS 是 Windows NT 的 专用格式，具有出色的安全性和稳定性。这种文件系统与 DOS 以及 Windows 98/Me 系统不兼容，要使用该文件系统应安装 Windows 2000 操作系统以上的版本。另外，使用 NTFS 分区格式的另一个优点是在用户使用的过程中不易产生文件碎片，还可以对用户的操作进行记录。NTFS 格式是目前最常用的文件格式。

5.1.4 硬盘分区原则

对硬盘分区并不难，但要将硬盘合理地分区，则应遵循一定的原则。对于初学者来说，掌握了硬盘分区的原则，就可以在对硬盘分区时得心应手。在对硬盘进行分区时可参考以下原则：

💡 分区实用性：对硬盘进行分区时，应根据硬盘的大小和实际的需求对硬盘分区的容量和数量进行合理的划分。

💡 分区合理性：分区合理性是指对硬盘的分区应便于日常管理，过多或过细的分区会降低系统启动和访问资源管理器的速度，同时也不便于管理。

💡 最好使用 NTFS 文件系统：NTFS 文件系统是一个基于安全性及可靠性的文件系统，除兼容性之外，在其他方面远远优于 FAT 32 文件系统。NTFS 文件系统不但可以支持高达 2TB 大小的分区，而且支持对分区、文件夹和文件的压缩，可以更有效地管理磁盘空间。对于局域网用户来说，NTFS 分区允许用户对共享资源、文件夹以及文件设置访问许可权限，安全性要比 FAT 32 高很多。

💡 C 盘分区不宜过大：一般来说 C 盘是系统盘，硬盘的读写操作比较多，产生磁盘碎片和错误的几率也比较大。如果 C 盘分得过大，会导致扫描磁盘和整理碎片这两项日常工作变得很慢，影响工作效率。

💡 双系统或多系统优于单一系统：如今，病毒、木马、广告软件、流氓软件无时无刻不在危害着用户的电脑，轻则导致系统运行速度变慢，重则导致电脑无法启动甚至损坏硬件。一旦出现这种情况，重装、杀毒要耗费很长时间，往往令人头疼不已。并且有些顽固的开机即加载的木马和病毒甚至无法在原系统中删除。而此时如果用户的电脑中安装了双操作系统，事情就会简单得多。用户可以启动到其中一个系统，然后进行杀毒和删除木马来修复另一个系统，甚至可以用镜像把原系统恢复。另外，即使不做任何处理，也同样可以用另外一个系统展开工作，而不会因为电脑故障而耽误正常工作。

5.2 对硬盘进行分区与格式化

Windows 7 操作系统自身集成了硬盘分区功能，用户可以使用该功能，轻松地对硬盘进行分区。使用该功能可分两个步骤进行，首先在安装系统的过程中建立主分区，然后在系统安装完成后，使用磁盘管理工具对剩下的硬盘空间进行分区。

5.2.1 ◀ 安装系统时建立主分区

对于一块全新的没有进行过分区的硬盘，用户可在安装的过程中，使用安装光盘轻松地对硬盘进行分区。

【例5-1】使用Windows 7安装光盘为硬盘创建主分区。💿视频▶

----

01 在安装操作系统的过程中，当安装进行到如下图所示步骤时，选中列表中的磁盘，然后选择【新建】选项。

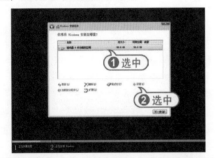

02 打开【大小】微调框，在其中输入要设置的主分区的大小（该分区会默认为 C 盘），设置完成后，单击【应用】按钮。

03 在打开的提示对话框中，单击【确定】按钮。

5.2.2 ◀ 格式化主分区

对硬盘划分主分区后，在安装操作系统前，还应该对主分区进行格式化。下面通过实例来介绍如何进行格式化。

【例5-2】使用Windows 7安装光盘对主分区进行格式化。💿视频▶

----

01 选中刚刚创建的主分区，然后选择【格式化】选项。

02 打开提示对话框，直接单击【确定】按钮，即可进行格式化操作。

03 主分区划分完成后，选中主分区，单击【下一步】按钮，之后开始安装操作系统。

> **知识点滴**
>
> Windows 7 安装光盘中也提供了命令提示符，通过它也可以实现分区和格式化，只需在安装界面中按 shift+F10 组合键启动命令窗口，然后输入 Diskpart 并按 Enter 键，便可进入 Diskpart 的命令环境，具体命令可以在网上搜索一下。

5.3 安装 Windows 7 操作系统

Windows 7 是微软公司推出的 Windows 系列操作系统,与之前的版本相比,Windows 7 不仅具有靓丽的外观和桌面,而且操作更方便、功能更强大。

5.3.1 Windows 7 的介绍

在电脑中安装 Windows 7 系统之前,用户应了解该系统的版本、特性以及安装硬件需求的相关知识。

1 Windows 7 版本介绍

Windows 7 系 统 共 包 含 Windows 7 Starter(初级版)、Windows 7 Home Basic (家庭普通版) 等 6 个版本:

● Windows 7 Starter(初级版) 的功能较少,缺乏 Aero 特效功能,没有 64 位支持,没有 Windows 媒体中心和移动中心等,对更换桌面背景有限制。

● Windows 7 Home Basic(家庭普通版) 是简化的家庭版,支持多显示器,有移动中心,限制部分 Aero 特效,没有 Windows 媒体中心,缺乏 Tablet 支持,没有远程桌面,只能加入不能创建家庭网络组 (Home Group) 等。

● Windows 7 Home Premium(家庭高级版) 主要面向家庭用户,满足家庭娱乐需求,包含所有桌面增强和多媒体功能,如 Aero 特效、多点触控功能、媒体中心、建立家庭网络组、手写识别等。

● Windows 7 Professional(专业版) 主要面向电脑爱好者和小企业用户,满足办公开发需求,包含加强的网络功能,比如对活动目录和域的支持、远程桌面等,另外还有网络备份、位置感知打印、加密文件系统、演示模式等功能。64 位版可支持更大内存 (192GB)。

● Windows 7 Ultimate(旗舰版) 拥有新操作系统的所有功能,与企业版基本上是相同的产品,仅仅在授权方式和相关应用及服务上有区别,面向高端用户和软件爱好者。

● Windows 7 Enterprise(企业版) 是面向企业市场的高级版本,满足企业数据共享、管理、安全等需求,包含多语言包、UNIX 应用支持、BitLocker 驱动器加密、分支缓存 (Branch Cache) 等。

进阶技巧

在以上 6 个版本中,Windows 7 家庭高级版和 Windows 7 专业版是两大主力版本,前者面向家庭用户,后者针对商业用户。此外,32 位版本和 64 位版本没有外观或功能上的区别,但 64 位版本支持 16GB(最高至 192GB) 内存,而 32 位版本只能支持最大 4GB 内存。

2 Windows 7 特性

Windows 7 具有以往 Windows 操作系统所不可比拟的特性,可以为用户带来全新体验,具体如下:

● 任务栏: Windows 7 全新设计的任务栏,可以将来自同一个程序的多个窗口集中在一起并使用同一个图标来显示,使有限的任务栏空间发挥更大的作用。

🔹 文件预览：使用 Windows 7 的资源管理器，用户可以通过文件图标的外观预览文件的内容，从而可以在不打开文件的情况下，直接通过预览窗格来快速查看各种文件的详细内容。

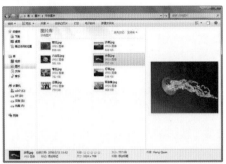

🔹 窗口智能缩放：Windows 7 系统加入了窗口的智能缩放功能，当用户使用鼠标将窗口拖动到显示器的边缘时，窗口即可最大化或平行排列。

🔹 自定义通知区域图标：在 Windows 7 操作系统中，用户可以对通知区域的图标进行自由管理。可以将一些不常用的图标隐藏起来，通过简单的拖动来改变图标的位置，通过设置面板对所有的图标进行集中管理。

🔹 常用操作更加方便：在 Windows 7 中，一些常用操作被设计得更加方便快捷。例如单击任务栏右下角的【网络连接】按钮，即可显示当前环境中的可用网络和信号强度，使用鼠标单击，即可进行连接。

🔹 Jump List 功能：Jump List 是 Windows 7 的一个新功能，用户可以通过【开始】菜单和任务栏的右键快捷菜单使用该功能。

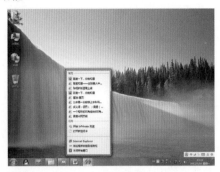

3 Windows 7 安装要求

要在电脑中正常使用 Windows 7，需满足以下最低配置需求：

🔹 CPU：1GHz 或更快的 32 位 (x86) 或 64 位 (x64)CPU。

🔹 内存：1GB 物理内存 (基于 32 位) 或 2GB 物理内存 (基于 64 位)。

🔹 硬盘：16GB 可用硬盘空间 (基于 32 位) 或 20GB 可用硬盘空间 (基于 64 位)。

🔹 显卡：带有 WDDM 1.0 或更高版本驱动程序的 DirectX 9 图形设备。

🔹 显示设备：显示器屏幕纵向分辨率不低于 768 像素。

知识点滴

如果要使用 Windows 7 的一些高级功能，则需要额外的硬件标准。例如要使用 Windows 7 的触控功能和 Tablet PC，就需要使用支持触摸功能的屏幕。要完整地体验 Windows 媒体中心，则需要电视卡和 Windows 媒体中心遥控器。

5.3.2 ◀ **全新安装 Windows 7**

要全新安装 Windows 7，应先将电脑的启动顺序设置为光盘启动，然后将

Windows 7的安装光盘放入光驱，重新启动电脑，再按照提示逐步操作即可。

【例5-3】在电脑中全新安装Widows 7系统。 视频

01 将电脑的启动方式设置为光盘启动，然后将光盘放入光驱。重新启动电脑后，系统将开始加载文件。

02 文件加载完成后，系统将打开下图所示的界面。在该界面中，用户可以选择要安装的语言、时间和货币格式以及键盘和输入方法等。选择完成后，单击【下一步】按钮。

03 打开下图所示的界面，单击【现在安装】按钮。

04 打开【请阅读许可条款】界面，在该界面中必须选中【我接受许可条款】复选框，继续安装系统，并单击【下一步】按钮。

05 打开【您想进行何种类型的安装】界面，选择【自定义（高级）】选项。

进阶技巧

并不是选择"升级"选项就可以从原有的系统升级到 Windows 7，如果当前系统不能升级到 Windows 7，安装将停止。

06 选择要安装的目标分区，单击【下一步】按钮。

07 开始复制文件并安装 Windows 7，该过程大概需要 15~25 分钟。在安装的过程中，系统会多次重新启动，用户无须参与。

08 打开下图所示界面，设置用户名和电脑名称，然后单击【下一步】按钮。

09 打开账户密码设置界面，也可不设置，直接单击【下一步】按钮。

10 输入产品密钥，单击【下一步】按钮。

11 设置 Windows 更新，选择【使用推荐设置】选项。

12 设置系统的日期和时间，保持默认设置即可，单击【下一步】按钮。

13 设置电脑的网络位置，其中共有【家庭网络】、【工作网络】和【公用网络】3种选择，单击【家庭网络】选项。

14 接下来，Windows 7 会启用刚才的设置，并显示下图所示的界面。

15 稍等片刻后，系统打开 Windows 7 的登录界面，输入正确的登录密码后，按下 Enter 键。

16 此时，将进入 Windows 7 操作系统的桌面。

5.4 安装 Windows 10 操作系统

Windows 10 操作系统在视觉效果、操作体验以及应用功能上的突破与创新都是革命性的，该系统提供了超炫的触摸体验。

5.4.1 全新安装 Windows 10

Windows 10 全新的系统画面与操作方式相比传统的 Windows 系统变化极大，采用了全新的 Metro 风格用户界面，各种应用程序、快捷方式等能够以动态方块的样式呈现在屏幕上。

若需要通过光盘启动安装 Windows 10，应重新启动电脑并将光驱设置为第一启动盘，然后使用 Windows 10 安装光盘引导完成系统的安装操作。

【例5-4】使用安装光盘在电脑中安装 Windows 10系统。 ●视频●

01 在 BIOS 设置中将光驱设置为第一启动盘后，将 Windows 10 安装光盘放入光驱，然后启动电脑，并在提示 "Press any key to boot from CD or DVD.." 时，按下键盘上的任意键进入 Windows 10 安装程序。等待 Windows 10 安装程序加载完毕，无须任何操作。

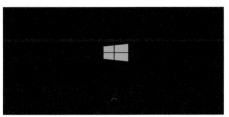

02 加载完毕后，打开【Windows 安装程序】对话框，设置安装语言、时间格式等，可以保持默认设置，单击【下一步】按钮。

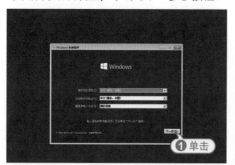

03 在打开的【Windows 安装程序】窗口中，单击【现在安装】按钮。

04 在【输入产品密钥以激活 Windows】对话框中输入购买 Windows 系统时微软公司提供的密钥，为 5 组 5 位阿拉伯数字和英文字母组成，单击【下一步】按钮。

05 打开【选择要安装的操作系统】对话框，选择【Windows 10 专业版】选项，单击【下一步】按钮。

06 打开【许可条款】对话框，选择【我接受许可条款】复选框，单击【下一步】按钮。

07 打开【你想执行哪种类型的安装？】对话框，选择【自定义：仅安装 Windows（高级）】选项。

08 打开【你想将 Windows 安装在哪里？】对话框，选择要安装的硬盘分区，单击【下一步】按钮，如果硬盘是新硬盘，则可对其进行分区。

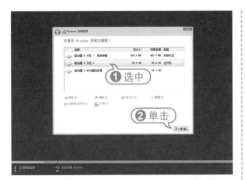

09 打开【正在安装 Windows】界面，并开始复制和展开 Windows 文件，此步骤为系统自动进行，用户需要等待其复制、安装和更新完成。

10 安装更新完毕后，电脑会自动重启，需要等待系统的安装设置。

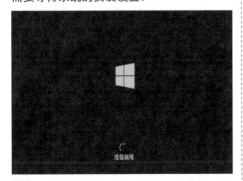

11 打开【快速上手】界面，系统提示用户可进行的自定义设置，单击【使用快速设置】按钮。用户也可以单击【自定义】按钮，根据需要进行设置。

12 在【谁是这台电脑的所有者？】界面，如果不需要加入组织环境，选择【我拥有它】选项，单击【下一步】按钮。

13 在【个性化设置】界面，用户可以输入 Microsoft 账户，如果没有可选择【创建一个】选项进行创建，也可以选择【跳过此步骤】选项。

14 打开【为这台电脑创建一个账户】界面，输入要创建的用户名、密码和提示内容，单击【下一步】按钮。

15 完成设置后，Windows 10 操作系统的安装全部完成，即可进入 Windows 10 系统。

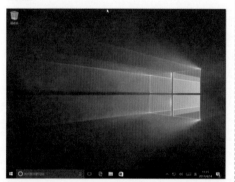

5.4.2 启动与退出系统

在电脑中成功安装 Windows 10 后，用户可以参考以下方法启动与退出操作系统。

● 启动 Windows 10：按下电脑机箱上的电源开关按钮启动电脑，稍等片刻后在打开的 Windows 10 登录界面中单击【登录】按钮，并输入相应的登录密码即可。

● 退出 Windows 10：单击系统桌面左下角的【开始】按钮，在弹出的菜单中选择【电源】选项，在弹出的菜单中选择【关机】命令即可。

【例5-5】设置Windows 10 "快速启动"，加快系统的启动速度。 视频

01 在 Windows 10 系统桌面上单击【开始】按钮（或者按下键盘上的 Win 键 ），在打开的菜单中选择【设置】选项。

02 打开【Windows 设置】窗口，选择【系统】选项，在打开的窗口中选择【电源和睡眠】选项，并在显示的选项区域中单击【其他电源设置】选项。

03 打开【电源选项】窗口，选择【选择电源按钮的功能】选项，打开【系统设置】窗口，然后选择【更改当前不可用的设置】选项。

04 在显示的选项区域中，用户可以设置【开始】菜单中【电源】选项的功能，其中选中【启用快速启动】复选框，可以加速 Windows 10 系统的启动速度，让系统在几秒内完成启动。

5.4.3 取消登录密码

在启动 Windows 10 时如果用户希望取消登录时需要输入的密码，提高登录速度，可以通过下面介绍的方法进行操作。

【例5-6】设置取消Windows 10启动时需要填写的"登录密码" 视频

01 在登录系统后按下 Win+R 组合键打开【运行】对话框，在【打开】文本框中输入 netplwiz，并单击【确定】按钮。

02 打开【用户账户】对话框，取消选中【要使用本计算机，用户必须输入用户名和密码】复选框，单击【确定】按钮。

03 打开【自动登录】对话框，在【密码】和【确认密码】对话框中输入当前账户的密码，并单击【确定】按钮。在下次启动时系统将不再要求输入登录密码。

5.4.4 使用快捷操作

Windows 10 系统和以往 Windows 系统一样，包含了大量键盘快捷键。使用快捷键，可以大幅加快系统的操作速度。

Windows 10系统中常用的快捷操作如下。

🔵 按下 Win+D 组合键可以立即显示系统桌面。

🔵 按下 Win+A 组合键可以立即打开【操作中心】窗口。

🔵 按下 Win+G 组可以打开 Xbox 游戏录制工具栏，供用户录制游戏视频或截屏。

🔵 按 下 Win+I 组 合 键 可 以 立 即 打 开【Windows 设置】窗口。

按下 Win+ 方向键可以移动当前应用窗口。

按下 Win+S 组合键可以立即打开 Cortana 搜索窗口。

按下 Win+Ctrl+ 左右方向键可以切换虚拟桌面。

按下 Win+Ctrl+D 组合键可以创建一个虚拟桌面。

按下 Win+Tab 组合键可以打开如下图所示的虚拟桌面视图。

按下 Win+Ctrl+F4 组合键可以关闭当前的虚拟桌面。

按下 Alt+F4 组合键可以快速关机。

按下 Win+M 组合键可以最小化所有打开的窗口。

按下 Ctrl+Shift+Esc组合键可以打开【任务管理器】窗口。

按下 Ctrl+Alt+Table 组合键可以在打开的窗口之间切换。

按下 F6 键可以在打开的窗口中循环切换元素。

按下 F5(或 Ctrl+R) 键可以刷新当前打开的窗口 (例如网页)。

按下 Ctrl+N 组合键可以创建一个新窗口。

按下 F11 键可以最大化或者最小化当前窗口。

按下 Ctrl+W 组合键可以关闭当前打开的窗口。

在窗口中选中一个文件后，按下 Alt+P 组合键可以显示预览窗格。

在文件夹中按下 Alt+ 左方向键，可以查看上一级文件夹，按下 Alt+ 右方向键可以查看下一级文件夹。

按住 Shift 键单击任务栏上的一个程序按钮，可以快速创建一个该程序文档。

按住 Ctrl+Shift 组合键单击任务栏上的一个程序按钮，可以以系统管理员的身份打开该程序。

按住 Shift 键右击任务栏上的某个程序或窗口图标，可以显示其窗口菜单。

5.5 多操作系统的基础知识

多操作系统是指在一台电脑上安装两个或两个以上操作系统，它们分别独立存在于电脑中，并且用户可以根据不同的需求来启动其中的任意一个操作系统。本节将向用户介绍多操作系统的相关基础知识以及安装多操作系统的方法。

5.5.1 多操作系统的安装原则

在电脑中安装多操作系统时，应对硬盘分区进行合理的配置，以免产生系统冲突。安装多操作系统时，应遵循以下原则：

💡 由低到高原则：由低到高是指根据操作系统版本级别的高低，先安装较低级的版本，再安装较高级的版本。例如用户要在电脑中安装 Windows 7 和 Windows 10 双操作系统，最好先安装 Windows 7 系统，再安装 Windows 10 系统。

💡 单独分区原则：单独分区是指应尽量将不同的操作系统安装在不同的硬盘分区上，最好不要将两个操作系统安装在同一个硬盘分区上，以避免操作系统之间冲突。

💡 保持系统盘的清洁：用户应养成不要随便在系统盘中存储资料的好习惯，这样不仅可以减轻系统盘的负担，而且在系统崩溃或要格式化系统盘时，也不用担心丢失重要资料。

5.5.2 多操作系统的优点

与单一操作系统相比，多操作系统具有以下优点：

💡 避免软件冲突：有些软件只能安装在特定的操作系统中，或者只有在特定的操作系统中才能达到最佳效果。因此如果安装了多操作系统，就可以将这些软件安装在最适宜其运行的操作系统中。

💡 更高的系统安全性：当一个操作系统受到病毒感染而导致系统无法正常启动或杀毒软件失效时，就可以使用另外一个操作系统来修复中毒的系统。

💡 有利于工作和保护重要文件：当一个操作系统崩溃时，可以使用另一个操作系统继续工作，并对磁盘中的重要文件进行备份。

5.5.3 多系统的安装前的准备

在为电脑安装多操作系统之前，需要做好以下准备工作：

💡 对硬盘进行合理的分区，保证每个操作系统各自都有一个独立的分区。

💡 分配好硬盘的大小，对于 Windows 7 系统来说，最好应有 20GB~25GB 的空间，对于 Windows 10 系统来说，最好应有 40GB~60GB 的空间。

💡 对于要安装 Windows 7、Windows 8 或 Windows Server 2008 系统的分区，应将其格式化为 NTFS 格式。

💡 备份好磁盘中的重要文件，以免出现意外损失。

5.5.4 设置双系统的启动顺序

电脑在安装了双操作系统后，用户还可设置这两个操作系统的启动顺序或者将其中的任意一个操作系统设置为系统默认启动的操作系统。在 Windows 7 中安装了 Windows 10 系统后，系统会将默认启动的操作系统变为 Windows 10 系统。可通过设置修改默认启动的操作系统。

【例5-7】设置Windows 7为默认启动的操作系统，并设置等待时间为10秒。 ▶视频▶

01 启动 Windows 10 系统，在桌面上右击【此电脑】图标，选择【属性】命令。

02 在打开的【系统】窗口中，单击左侧的【高级系统设置】链接。

03 打开【系统属性】对话框。在【高级】选项卡的【启动和故障恢复】区域单击【设置】按钮。

04 打开【启动和故障恢复】对话框。在【默认操作系统】下拉列表中选择【Windows 7】选项。选中【显示操作系统列表的时间】复选框，然后在其后的微调框中设置时间为 10 秒。最后，单击【确定】按钮即可。

5.6 设置用户账户

Windows 10 是一个允许多用户多任务的操作系统，当多个用户使用一台电脑时，为了建立各自专用的工作环境，每个用户都可以建立个人账户，并设置密码登录，保护自己保存在电脑的文件安全。每个账户登录之后都可以对系统进行自定义设置，其中一些隐私信息也必须登录才能看见，这样使用同一台电脑的每个用户都不会相互干扰了。

5.6.1 新建本地账户

在 Windows 10 中新建一个本地用户账户的方法有多种，下面介绍一种较为方便的方法。

【例5-8】在Windows 10系统中快速创建一个本地用户账户。 视频▶

01 右击系统桌面上的【此电脑】图标，在打开的菜单中选择【管理】命令。

02 打开【计算机管理】窗口，在窗口右侧的列表中展开【本地用户和组】选项，然后选中并右击【用户】选项，在弹出的菜单中选择【新用户】命令。

03 打开【新用户】对话框,在【用户名】、【密码】和【确认密码】文本框中输入账号名称和密码后，单击【创建】按钮，再单击【关闭】按钮。

04 此时，在【计算机管理】窗口中将自动添加一个本地用户账户。单击开始按钮，在弹出的菜单中单击按钮，在打开的菜单中选中创建的用户账户即可切换该账户的登录界面，登录账户。

5.6.2 更改账户类型

在 Windows 10 中，用户账户的类型主要有以下两种。

🔹 标准用户账户：标准用户账户是受到一定限制的账户，用户在系统中可以创建多个标准账户，也可以改变其账户类型。该账户可以访问已经安装在电脑上的程序，可以设置自己账户的图片、密码等，但无权更改大多数电脑的设置，无法删除重要文件，无法安装软硬件，无法访问其他用户的文件。

🔹 管理员账户：电脑的管理员账户是第一次启动电脑后系统自动创建的一个账户，它拥有最高的操作权限，可以进行很多高级管理。此外，它还能控制其他用户的权限：可以创建和删除电脑上的其他用户账户，更改其他用户账户的名称、图片、密码、账户类型等。

用户如果要更改系统中用户账户的类型，可以参考以下方法。

【例5-9】继续【例5-8】的操作，将创建的用户账户类型设置为"管理员账户"类型。 视频▶

01 单击开始按钮田，在弹出的菜单中单击【设置】选项，打开【Windows 设置】窗口，选择【账户】选项。

02 打开【设置】窗口，选择【家庭和其他成员】选项，在显示的选项区域中选择【例5-8】创建的用户账户，在展开的列表中单击【更改账户类型】按钮。

03 打开【更改账户类型】对话框，单击【账户类型】按钮，在打开的列表中选择【管理员】选项，单击【确定】按钮即可。

5.6.3 设置账户权限

在 Windows 10 中，用户可以设置标准用户账户的权限，设定此类账户登录电脑后，只能打开特定的应用，无法打开开始菜单和任务栏，没有窗口的最大化、最小化按钮，智能使用指定的应用。

【例5-10】继续【例5-8】的操作，设置创建的用户账户权限，指定该账户只能使用"邮件"应用。 视频▶

01 单击开始按钮田，在打开的菜单中选择【设置】选项，打开【Windows 设置】窗口，单击【账户】选项。

02 打开【设置】窗口，选择【家庭和其他成员】选项，在显示的选项区域中选择【设置分配的访问权限】选项。

03 在打开的对话框中单击【选择账户】选项，打开【选择账户】对话框，选择【例5-8】创建的用户账户。

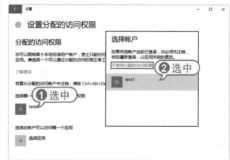

04 单击【选择应用】选项，在打开的对话框中选择【邮件】应用。

05 完成以上设置后，重新启动电脑即可使设置生效。

5.6.4 设置和修改账户密码

如果用户要为当前登录 Windows 系统的账户设置一个登录密码，可以参考以下方法。

【例5-11】为当前用户账户设置一个登录密码。 视频

01 打开【Windows 设置】窗口后，单击【账户】选项，打开【设置】窗口，选择【登录选项】选项，在显示的选项区域中单击【添加】按钮。

02 打开【创建密码】对话框，输入用户登录密码和提示等信息后，单击【下一步】按钮。在打开的对话框中单击【完成】按钮即可。

03 在系统中为用户账户添加登录密码后，如果用户要更改或删除登录密码，可以在打开【设置】窗口后，选择【登录选项】选项，在显示的选项区域中单击【更改】按钮。

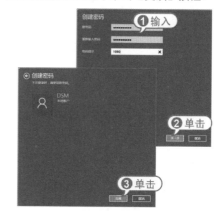

04 打开【更改密码】对话框，输入当前系统的登录密码并单击【下一步】按钮，打开【更改密码】对话框，即可修改或删除用户账户的登录密码。

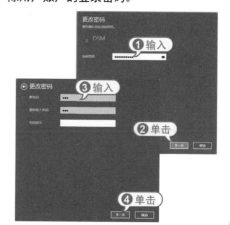

5.6.5 更换账户头像

在 Windows 10 中，要为当前用户账户设置一个登录头像，可以参考以下方法。

【例5-12】 为当前用户账户设置一个登录头像。 ▶视频▶

01 单击开始按钮▦，在打开的菜单中单击▦按钮，在打开的菜单中选择【更改账户设置】选项。

02 打开【设置】对话框，选择【通过浏览方式查找一个】选项，在打开的【打开】对话框中选择一个图片后单击【选择图片】按钮即可。

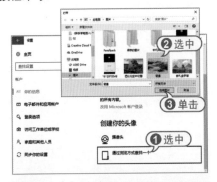

5.6.6 删除用户账户

当用户不需要某个已经创建的用户账户时，可以将其删除。删除用户账户必须在管理员账户下执行，并且所要删除的账户并不是当前的登录账户方可执行。

【例5-13】 在Windows 10中删除本地账户。 ▶视频▶

01 右击开始按钮▦，在打开的菜单中选择【控制面板】命令，打开【控制面板】窗口，单击【更改账户类型】选项。

02 在打开的窗口中单击要删除的用户账户。

03 打开【更改账户】窗口，选择【删除账户】选项。

04 打开【删除账户】窗口，在该窗口中用户可以选择在删除用户账户时，是否保留用户文件（本例单击【删除文件】按钮）。

05 打开【确认删除】窗口，单击【删除账户】按钮即可删除用户账户。

5.7 进阶实战

本章的进阶实战部分介绍删除 Windows.old 文件夹的综合实例操作，用户通过练习从而巩固本章所学知识。

在重新安装新系统时，系统盘下会产生一个"Windows.old"文件夹，占了大量系统盘容量，无法直接删除，需要使用磁盘工具进行清除，具体步骤如下

【例5-14】在Windows 10中删除Windows.old文件夹。

01 打开【此电脑】窗口，右击系统盘，在打开的快捷菜单中，选择【属性】命令。

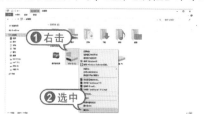

02 打开该磁盘【属性】对话框，单击【磁盘清理】按钮。系统自动开始扫描。

03 等待系统扫描自动完成。

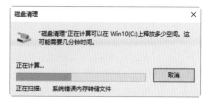

04 打开【磁盘清理】对话框，单击【清理系统文件】按钮。系统自动开始扫描。

05 系统扫描后，在【要删除的文件】列表中，选择【以前的 Windows 安装】复选框，单击【确定】按钮。

06 打开【磁盘清理】提示框，单击【删除文件】按钮，即可清理"Windows.old"文件。

5.8 疑点解答

● 问：如何注销 Windows 10 操作系统？

答：要注销 Windows 10 系统，可以右击任务栏左侧的开始按钮，在弹出的菜单中选择【关机或注销】|【注销】命令。

● 问：如何设置启动与关闭 Windows 10 的功能？

答：右击开始按钮，在弹出的菜单中选择【程序和功能】命令，打开【程序和功能】窗口，单击窗口左侧的【启用或关闭 Windows 功能】选项，在打开的对话框中即可设置启用或关闭 Windows 功能。

● 问：如何使用滑动鼠标关机？

答：在系统中，按下【Win+R】组合键，打开【运行】对话框，在文本框中输入"C:\Windows\System32\SlideToShutDown.exe"命令，单击【确定】按钮。使用鼠标向下滑动即可关闭电脑。

第6章

硬件管理与检测电脑

安装完操作系统后，还要为硬件安装驱动程序，这样才能使电脑中的各个硬件有条不紊地进行工作。另外用户还可以使用工具软件对电脑硬件的性能进行检测，了解自己的硬件配置，以方便进行升级和优化。

对应光盘视频

6.1　了解驱动程序

在安装完操作系统后，电脑还不能正常使用，因为此时电脑的屏幕还不是很清晰、分辨率还不是很高，甚至可能没有声音，因为电脑还没有安装驱动程序。那么什么是驱动程序呢？本节将介绍什么是驱动程序并使用户了解驱动程序的相关知识。

6.1.1　认识驱动程序

驱动程序的全称为设备驱动程序，是一种可以使操作系统和硬件设备进行通信的特殊程序，其中包含了硬件设备的相关信息，可以说驱动程序为操作系统访问和使用硬件提供了一个程序接口，操作系统只有通过该接口，才能控制硬件设备并使之有条不紊地进行工作。

如果电脑中某个设备的驱动程序未能正确安装，该设备便不能正常工作。因此，驱动程序在系统中占有重要地位。一般来说，操作系统安装完毕后，首先要安装硬件设备的驱动程序。

进阶技巧

常见驱动程序的文件扩展名有以下几种：.dll、.drv、.exe、.sys、.vxd、.dat、.ini、.386、.cpl、.inf 和 .cat 等。其中核心文件有 .dll、.drv、.vxd 和 .inf。

6.1.2　驱动程序的功能

驱动程序是硬件不可缺少的组成部分。一般来说，驱动程序具有以下几项功能：

💧 初始化硬件设备：实现对硬件的识别和硬件端口的读写操作，并进行中断设置，实现硬件的基本功能。

💧 完善硬件功能：驱动程序可对硬件存在的缺陷进行消除，并在一定程度上提升硬件的性能。

💧 扩展辅助功能：目前驱动程序的功能不仅仅是对硬件进行驱动，还增加了许多辅助功能，以帮助用户更好地使用电脑。驱动程序的多功能化已经成为未来发展的一个趋势。

6.1.3　驱动程序的分类

驱动程序按照支持的硬件来分，可分为主板驱动程序、显卡驱动程序、声卡驱动程序、网络设备驱动程序以及外设驱动程序（例如打印机和扫描仪驱动程序）等。

另外，按照驱动程序的版本分，一般可分为以下几类：

💧 官方正式版：官方正式版的驱动程序是指按照芯片厂商的设计研发出来的，并经过反复测试和修正，最终通过官方渠道发布出来的正式版驱动程序，又称公版驱动程序。运行正式版本的驱动程序可保证硬件的稳定性和安全性，因此建议用户在安装驱动程序时，尽量选择官方正式版本。

💧 微软 WHQL 认证版：该版本是微软对各硬件厂商驱动程序的一个认证，是为了测试驱动程序与操作系统的兼容性和稳定性而制定的。凡是通过 WHQL 认证的驱动程序，都能很好地和 Windows 操作系统相匹配，并具有非常好的稳定性和兼容性。

💧 Beta 测试版：测试版是指尚处于测试阶段、尚未正式发布的驱动程序，该版本驱动程序的稳定性和安全性没有足够的保障，因此建议用户最好不要安装该版本的驱动程序。

💧 第三方驱动：第三方驱动是指硬件厂商发布的在官方驱动程序的基础上优化而成的驱动程序。与官方驱动程序相比，具有更高的安全性和稳定性，并且拥有更加完善的功能和更加强劲的整体性能。因此，推荐品牌机用户使用第三方驱动；但对于组装机用户来说，官方正式版驱动仍是首选。

6.1.4 需要安装驱动的硬件

驱动程序在系统中占有举足轻重的地位，一般来说安装完操作系统后的首要工作就是安装硬件驱动程序，但并不是电脑中所有的硬件都需要安装驱动程序，例如硬盘、光驱、显示器、键盘、鼠标等就不需要安装驱动程序。

一般来说，电脑中需要安装驱动程序的硬件主要有主板、显卡、声卡和网卡等。如果需要在电脑中安装其他外设，就需要为其安装专门的驱动程序，例如外接游戏硬件，就需要安装手柄、摇杆、方向盘等驱动程序；对于外接打印机和扫描仪，就需要安装打印机和扫描仪驱动程序等。

进阶技巧

以上所提到的需要或不需要安装驱动程序的硬件并不是绝对的，因为不同版本的操作系统对硬件的支持也是不同的，一般来说越是高级的操作系统，所支持的硬件设备就越多。

6.1.5 获取驱动程序的途径

安装硬件设备的驱动程序前，首先需要了解该设备的产品型号，然后找到对应的驱动程序。通常用户可以通过以下4种方法来获得硬件的驱动程序：

1 操作系统自带驱动

现在的操作系统对硬件的支持越来越好，操作系统本身就自带大量的驱动程序，这些驱动程序可随着操作系统的安装而自动安装，因此无须单独安装，便可使相应的硬件设备正常运行。

2 产品自带驱动光盘

一般情况下，硬件生产厂商都会针对自己产品的特点，开发出专门的驱动程序，并在销售硬件时将这些驱动程序以光盘的形式免费附赠给购买者。由于这些驱动程序针对性比较强，因此其性能优于 Windows 自带

的驱动程序，能更好地发挥硬件的性能。

3 网络下载驱动程序

用户可以通过访问相关硬件设备的官方网站来下载相应的驱动程序，这些驱动程序大多是最新推出的新版本，比购买硬件时赠送的驱动程序具有更高的稳定性和安全性，用户可及时地对旧版的驱动程序进行升级更新。

4 使用万能驱动程序

如果用户通过以上方法还不能获得驱动程序的话，可以通过网站下载该类硬件的万能驱动，以暂时解决燃眉之急。

6.2 使用驱动精灵管理驱动

驱动精灵是一款优秀的驱动程序管理专家，它不仅能够快速而准确地检测电脑中的硬件设备，为硬件寻找最佳匹配的驱动程序，而且还可以通过在线更新，及时地升级硬件驱动程序。另外，它还可以快速地提取、备份以及还原硬件设备的驱动程序，在简化原本繁琐操作的同时也极大地提高了工作效率，是用户解决系统驱动程序问题的好帮手。

6.2.1 安装"驱动精灵"软件

要使用"驱动精灵"软件来管理驱动程序，首先要安装驱动精灵。用户可通过网络来下载并进行安装，该软件的网址为 http://www.drivergenius.com。

【例6-1】安装"驱动精灵"软件。

01 下载"驱动精灵"程序后，双击安装程序，打开安装向导，单击【一键安装】按钮。

02 此时将开始安装"驱动精灵"软件，完成后打开该软件的主界面。

6.2.2 检测和升级驱动程序

驱动精灵具有检测和升级驱动程序的功能，可以方便快捷地通过网络为硬件找到匹配的驱动程序并为驱动程序升级，从而免除用户手动查找驱动程序的麻烦。

【例6-2】检测和升级驱动程序 视频 。

01 启动"驱动精灵"程序后，单击软件主界面中的【一健体检】按钮，将开始自动检测电脑的软硬件信息。

02 检测完成后，会进入软件的主界面，并显示需要升级的驱动程序。单击界面上驱动程序名称后的【立即升级】按钮。

03 在打开的界面中选择需要更新的驱动程序，单击【安装】按钮。

04 此时，"驱动精灵"软件将自动开始下载用户选中的驱动程序更新文件。

05 完成驱动程序更新文件的下载后，将自动安装驱动程序。

06 接下来，在打开的驱动程序安装向导中，单击【下一步】按钮。

07 完成驱动程序的更新安装后，单击【下一步】按钮即可。

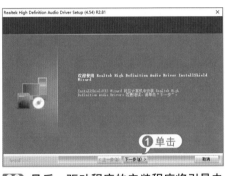

08 最后，驱动程序的安装程序将引导电脑重新启动，根据需要选择对应的单选按钮，单击【完成】按钮。

6.2.3 **备份与恢复驱动程序**

驱动精灵还具有备份驱动程序的功能，用户可使用驱动精灵方便地备份硬件驱动程序，以保证在驱动丢失或更新失败时，可以通过备份方便地进行还原。

1 备份驱动程序

用户可以参考下面介绍的方法,使用"驱动程序"软件备份驱动程序。

【例6-3】使用驱动精灵备份驱动程序。
▶ 视频 ▶

01 启动"驱动精灵"程序后,在其主界面中单击【驱动程序】选项卡,然后在打开的界面中选中【备份还原】选项卡。

02 在【备份还原】选项卡中,选中要备份的驱动程序前所对应的复选框。然后单击【一键备份】按钮。

03 开始备份驱动程序,并显示备份进度。

04 驱动程序备份完成后,提示已完成驱动程序的备份。

2 还原驱动程序

如果用户备份了驱动程序,那么当驱动程序出错或更新失败而导致硬件不能正常运行时,就可以使用驱动精灵的还原功能来还原该驱动程序。用户可以参考下面介绍的方法,使用"驱动程序"软件备份驱动程序。

【例6-4】使用驱动精灵还原驱动程序。
▶ 视频 ▶ 。

01 启动驱动精灵,单击【驱动程序】按钮,在打开的界面中选中【备份还原】选项卡,然后单击驱动程序后的【还原】按钮。

02 此时,将开始还原选中的驱动程序,并显示还原进度。

6.3 使用设备管理器管理驱动

设备管理器是 Windows 的一种管理工具，使用它可以管理电脑上的硬件设备。可以用来查看和更改设备属性、更新设备驱动程序、配置设备设置和卸载设备等。

6.3.1 查看硬件设备信息

通过设备管理器，用户可查看硬件的相关信息，例如哪些硬件没有安装驱动程序、哪些设备或端口被禁用等。

【例6-5】查看硬件设备信息。 视频 。

01 在系统桌面上右击【此电脑】图标，在打开的快捷菜单中选择【管理】命令。

02 打开【计算机管理】窗口，选择【设备管理器】选项，即可查看硬件信息。

在【计算机管理】窗口中，当某个设备不正常时，通常会出现以下3种提示：

🔴 红色叉号：表示该设备已被禁用，这通常是用户不常用的一些设备或端口，禁用后可节省系统资源，提高启动速度。

要想启用这些设备，可在该设备上右击鼠标，在打开的快捷菜单中选择【启用】命令即可。

🔵 黄色的问号：表示该硬件设备未能被操作系统识别。

🔵 黄色的感叹号：表示该硬件设备没有安装驱动程序或驱动程序安装不正确。

知识点滴

> 出现黄色的问号或感叹号时，用户只需重新为硬件安装正确的驱动程序即可。

6.3.2 更新硬件驱动程序

用户可通过设备管理器窗口查看或更新驱动程序。

【例6-6】在电脑中更新驱动程序。 视频

01 如果用户需要查看电脑中显卡的驱动程序，可以在系统桌面上右击【此电脑】图标，在打开的快捷菜单中选择【管理】命令。在打开的【计算机管理】窗口中，单击左侧列表中的【设备管理器】命令，打开【设备管理器】界面。单击【显示适配器】选项前面的 ▷ 号。

02 在展开的列表中,右击【Intel(R) HD Graphics】选项,在打开的快捷菜单中选择【属性】命令。打开【Intel(R) HD Graphics 属性】对话框,在该对话框中,用户可查看显卡驱动程序的版本等信息。

03 在【设备管理器】窗口中右击【Intel(R) HD Graphics】选项,选择【更新驱动程序软件】命令,可打开更新向导。

04 在更新向导对话框中,选中【自动搜索更新的驱动程序软件】选项。

进阶技巧

如果用户已经准备好新版本的驱动,可选择【浏览计算机以查找驱动程序软件】选项,手动更新驱动程序。

05 系统开始自动检测已安装的驱动信息,并搜索可以更新的驱动程序信息。

06 如果用户已经安装了最新版本的驱动,将显示下图所示的对话框,提示用户无须更新,单击【关闭】按钮。

6.3.3 卸载硬件驱动程序

用户可通过设备管理器来卸载硬件驱动程序,本节以卸载显卡驱动为例介绍驱动程序的卸载方法。

【例6-7】在操作系统中,使用设备管理器卸载显卡驱动程序 视频。

01 打开设备管理器窗口，然后展开【显示适配器】选项前方，在展开的列表中右击要卸载的选项，在打开的快捷菜单中选择【卸载】命令。

02 程序将自动打开【确认设备卸载】对话框，选中【删除此设备的驱动程序软件】复选框，单击【确定】按钮。

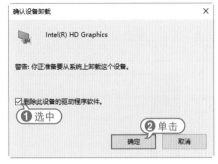

03 稍后打开【系统设置改变】对话框。单击【是】按钮，重新启动电脑后，完成显卡驱动程序的卸载。

6.4 查看电脑硬件参数

系统安装好了，用户可以对电脑的各项硬件参数进行查看，以便更好地了解自己电脑的性能。查看硬件参数包括查看 CPU 主频、内存的大小和硬盘的大小等。

6.4.1 查看 CPU 主频

CPU 主频即 CPU 内核工作的时钟频率。用户可通过设备管理器来查看 CPU 的主频。

【例6-8】通过设备管理器查看CPU主频。
视频

01 在桌面上右击【此电脑】图标，在打开的快捷菜单中选择【管理】命令。

02 打开【计算机管理】窗口，选择【计

算机管理】窗口左侧列表中的【设备管理器】选项，即可在窗口的右侧显示电脑中安装的硬件设备的信息。展开【处理器】前方的选项，即可查看 CPU 的主频。

6.4.2 查看内存容量

内存容量是指内存条的存储容量，是内存条的关键参数，用户可通过【系统】

窗口查看内存的容量。

【例6-9】通过【系统】窗口查看电脑的内存容量。  视频

01 在桌面上右击【此电脑】图标，在打开的快捷菜单中选择【属性】命令。

02 打开【系统】窗口，在该窗口的【系统】区域，用户可看到本机安装的内存的容量以及可用容量。

6.4.3 查看硬盘容量

硬盘是电脑的主要数据存储设备，硬盘的容量决定着个人电脑的数据存储能力。用户可通过磁盘管理来查看硬盘的总容量和各个分区的容量。

【例6-10】通过磁盘管理查看硬盘容量。
视频

01 在桌面右击【此电脑】图标，在打开的快捷菜单中选择【管理】命令。

02 打开【计算机管理】窗口，单击【磁盘管理】选项，即可在窗口的右侧显示硬盘的总容量和各个分区的容量。

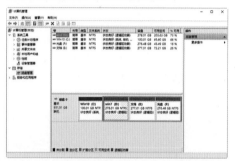

6.4.4 查看键盘属性

键盘是重要的输入设备，了解键盘的型号和接口等属性，有助于用户更好地组装和使用键盘。

【例6-11】通过【控制面板】窗口查看键盘属性。 视频

01 选择【开始】|【Windows 系统】|【控制面板】命令。

02 打开【控制面板】窗口，单击【键盘】图标。

03 打开【键盘 属性】对话框，在【速度】选项卡中，用户可对键盘的各项参数进行设置，如【重复延迟】、【重复速度】等。

04 选择【硬件】选项卡，查看键盘型号和接口属性，单击【属性】按钮。

05 查看键盘的驱动程序信息。

6.4.5 查看显卡容量

　　显卡是组成电脑的重要硬件设备之一，显卡性能的好坏直接影响着显示器的显示效果。查看显卡的相关信息可以帮助用户了解显卡的型号和显存等信息，方便以后维修或排除故障。

【例6-12】通过【控制面板】窗口查看显卡属性。 视频

01 选择【开始】|【Windows 系统】|【控制面板】命令。

02 打开【控制面板】窗口，单击【显示】图标。

03 打开【显示】窗口，然后在窗口的左侧选择【更改显示设置】选项。

04 打开【自定义显示器】窗口，然后选择【高级显示设置】选项。

05 打开【高级显示设置】窗口，选择【显示适配器属性】选项。

06 打开下图所示对话框，在其中可以查看显卡的型号以及显存等信息。

6.5 检测电脑硬件性能

了解电脑硬件的参数以后，还可以通过性能检测软件来检测硬件的实际性能。这些硬件测试软件会将测试结果以数字的形式展现给用户，让用户更直观地了解设备性能。

6.5.1 检测 CPU 性能

CPU-Z 是一款常见的 CPU 测试软件，除了使用 Intel 或 AMD 推出的检测软件之外，我们平时使用最多的此类软件就是它了。CPU-Z 支持的 CPU 种类相当全面，软件的启动速度及检测速度都很快。另外，

它还能检测主板和内存的相关信息。

下面将通过实例，介绍使用 CPU-Z 软件检测电脑 CPU 性能的方法。

【例6-13】使用CPU-Z检测电脑中CPU的具体参数。 ▶视频▶

01 在电脑中安装并启动 CPU-Z 程序后，该软件将自动检测当前电脑 CPU 的参数 (包括 CPU 处理器、主频、缓存等信息)，并显示在其主界面中。

02 在 CPU-Z 界面中，选择【缓存】选项卡，查看缓存的类型、容量。

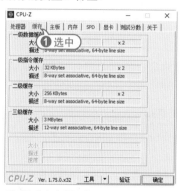

03 选择【主板】选项卡，查看当前主板所用芯片组的型号和架构等信息。

04 选择【内存】选项卡，查看当前内存大小、通道数、各种时钟信息以及延迟时间。

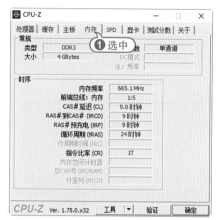

05 选择【SPD】选项卡，打开【内存插槽选择】下拉列表，选择【插槽 #1】选项，查看该选项内存信息。

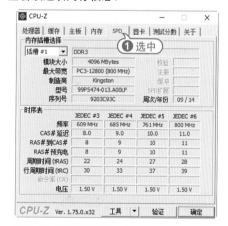

知识点滴

CPU 检测软件主要是对电脑 CPU 的相关信息进行检测，使用户无须打开机箱查看实物，即可了解 CPU 的型号、主频、缓存等信息。

06 选择【显卡】选项卡，查看显示设备信息、性能等级、图形处理器信息、时钟、缓存等。

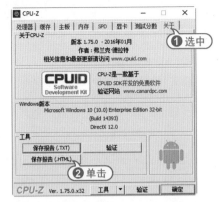

07 选择【测试分数】选项卡，在【参考】下拉列表中，选择作为参考的CPU，单击【测试处理器分数】按钮和本机处理器进行对比。

10 在保存的目录下打开上述所保存的CPU.html 文件。

知识点滴

有些 CPU 检测工具除了可以检测 CPU 的各种信息外，还可以设置在 CPU 空闲时自动降低 CPU 主频，为 CPU 降温等。

08 选择【关于】选项卡，单击【保存报告 (.HTML)】按钮。

09 在打开的对话框中输入文件名为 CPU.html，单击【保存】按钮。

6.5.2 检测硬盘性能

HD Tune 是一款小巧易用的硬盘工具软件，其主要功能包括检测硬盘传输速率，检测健康状态，检测硬盘温度及磁盘表面扫描等。另外，HD Tune 还能检测出硬盘的固件版本、序列号、容量、缓存大小以及当前的 Ultra DMA 模式等。

【例6-14】使用HD Tune软件测试硬盘性能。 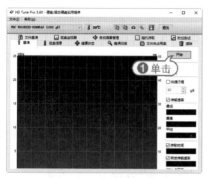 视频

01 启动 HD Tune 程序，然后在软件界面中单击【开始】按钮。

02 HD Tune 将开始自动检测硬盘的基本性能。

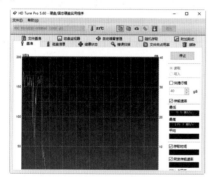

03 在【基准】选项卡中会显示通过检测得到的硬盘基本性能信息。

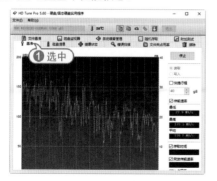

04 选中【磁盘信息】选项卡，在其中可以查看硬盘的基本信息，包括分区、支持功能、版本、序列号以及容量等。

05 选中【健康状态】选项卡，可以查阅硬盘内部存储的记录。

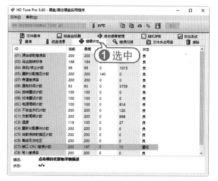

06 打开【错误扫描】选项卡，单击【开始】按钮，检查硬盘坏道。

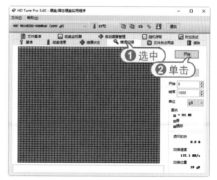

07 打开【擦除】选项卡，单击【开始】按钮，软件即可安全擦除硬盘中的数据。

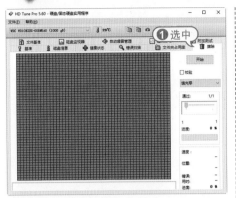

08 选择【文件基准】选项卡，单击【开始】按钮，可以检测硬盘的缓存性能。

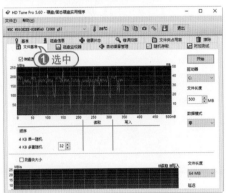

09 打开【磁盘监视器】选项卡，单击【开始】按钮，可监视硬盘的实时读写状况。

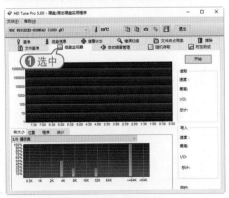

10 打开【自动噪音管理】选项卡，在其中拖动滑块可以降低硬盘的运行噪音。

11 打开【随机存取】选项卡，单击【开始】按钮，即可测试硬盘的寻道时间。

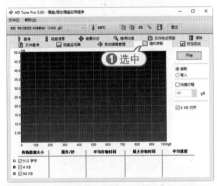

12 打开【附加测试】选项卡，在【测试】列表框中，可以选择更多的一些硬盘性能测试，单击【开始】按钮开始测试。

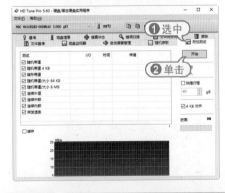

6.5.3 检测内存性能

内存主要用来存储当前执行程序的数

据，并与 CPU 进行交换。使用内存检测工具可以快速扫描内存，测试内存的性能。

DMD 是腾龙备份大师配套增值工具中的一员，中文名为系统资源监测与内存优化工具。它是一款可运行在全系列 Windows 平台的资源监测与内存优化软件。DMD 无须安装直接解压缩即可。它是一款基于汇编技术的高效率、高精确度的内存、CPU 监测及内存优化整理系统，它能够让系统长时间保持最佳的运行状态。

【例6-15】使用DMD软件检测电脑中的内存。〔▶视频〕

---

01 在电脑中安装并启动 DMD 程序后，用户可以很直观地查看到系统资源所处的状态。使用该软件的优化功能，可以让系统长时间处于最佳的运行状态。

02 将鼠标指针放置在【颜色说明】选项，即可在打开的颜色说明浮动框中查看绿色、黄色、红色所代表的含义。单击【系统设定】选项。

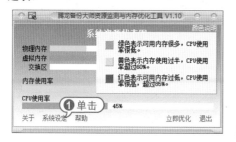

03 打开【设定】对话框，拖动内存滑块至 90%，选择【计算机启动时自动运行本系统】和【整理前显示警告信息】复选框。单击【确定】按钮。

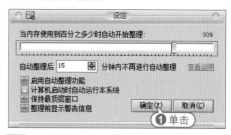

04 在主界面下方单击【立即优化】文本链接，将显示系统正在进行内存优化。

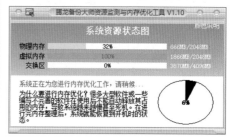

6.5.4 显示器检测工具

显示器是由无数个亮点组成的，如果有亮点坏掉很影响显示器的视觉效果。

DisplayX 是一款小巧的显示器常规检测和液晶显示器坏点、延迟时间检测软件，它可以在微软 Windows 全系列操作系统中正常运行。

【例6-16】使用DisplayX软件检测显卡性能。

---

01 在电脑中安装并启动 DisplayX 程序后，选择【常规完全测试】选项。

02 首先进入界面的是对比度检测界面，在此界面中调节亮度，让色块都能显示出来并且高度不同，确保黑色不要变灰，每个色块都能显示出来。

03 进入对比度（高）检测，能分清每个黑色和白色区域的显示器为优质显示器。

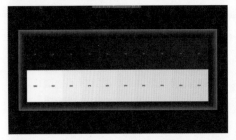

04 进入灰度检测，测试显示器的灰度还原能力，看到的颜色过渡越平滑越好。

05 进入 256 级灰度，测试显示器的灰度还原能力，最好让色块全部显示出来。

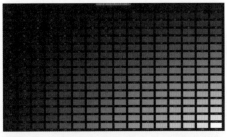

06 进入呼吸效应检测，单击鼠标时，画面在黑色和白色之间过渡时，如看到画面边界有明显的抖动，则不好，不抖动则为好。

07 进入几何形状检测，调节控制台的几何形状，确保不变形。

08 测试 CRT 显示器的聚焦能力，需要特别注意 4 个边角的文字，各位置越清晰越好。

09 进入纯色检测，主要测试 LCD 坏点，共有黑、红、绿、蓝等多种纯色显示，很方便查出坏点。

10 进入交错检测，用于查看显示器效果的干扰。

11 进入锐利检测，即最后一项检测，好的显示器可以分清边缘的每一条线。完成使用 DisplayX 软件进行显示屏测试的操作。

6.5.5 整机检测工具

电脑性能检测软件能够检测电脑的性能，并且对单个硬件设备或整机性能进行评估和打分等，为用户研究电脑的性能、购买和升级电脑硬件提供一定的参考。

EVEREST Ultimate Edition 硬件检测软件是一款强大的测试软硬件系统信息的硬件检测软件。使用 EVEREST 可以详细地显示出 PC 每一个方面的信息，能够检测几乎所有类型电脑的硬件型号，支持查看远程系统信息和管理。

1 EVEREST 使用方法

在电脑中安装并启动 EVEREST Ultimate Edition 程序后，选择主界面右窗格内的【主板】图标后，该窗格中将出现【中央处理器 (CPU)】、CPUID、【内存】、【芯片组】、BIOS 等硬件或部件的查询图标。

选择程序右窗格内的【中央处理器 (CPU)】图标后，EVEREST UltimateEdition 将显示当前处理器名称、指令集、原始频率、CPU 使用率等信息。

选项，程序将显示当前系统所有显卡的信息，包括显卡名称、显卡 BIOS 版本、显卡芯片类型、显存大小、公司名称、驱动程序下载地址等。

2 查询常见硬件详细信息

EVEREST Ultimate Edition 所支持的查询项目较多，因此本节将对部分重要硬件设备的信息查询方法进行讲解，以便用户快速掌握理使用 EVEREST Ultimate Edition 查询硬件信息的方法。

　● 主板系统模块：在主界面单击右窗格中的【主板】图标后，将进入主板系统查询模块界面。选择【CPUID】选项，可查看 CPU 的制造商、名称、修订版本、平台 ID 等信息。此外，EVEREST Ultimate Edition 还将显示当前 CPU 在安全、电源管理等方面的技术支持情况。

　● 存储系统模块：选择【存储设备】|【ATA】选项查看当前电脑所用硬盘的型号、序列号、设备类型、缓存容量等相关信息。

　● 显示系统模块：在左窗格的【菜单】选项卡中，选择【显示设备】|【Windows 视频】

6.6 系统硬件检测工具——鲁大师

鲁大师是一款专业的硬件检测工具，它能轻松辨别电脑硬件真伪，主要功能包括查看电脑配置、实时检测硬件温度、测试电脑性能以及电脑驱动的安装与备份等。下面将介绍使用鲁大师进行硬件检测、节能降温以及性能测试等方面的操作。

6.6.1 查看硬件配置

鲁大师自带的硬件检测功能是最常用

的硬件检测方式，它不仅检测准确而且还可以对整个电脑的硬件信息（包括 CPU、显卡、内存、主板和硬盘等核心硬件）进行全面查看。

【例6-17】使用"鲁大师"硬件检测工具检测并查看当前电脑的硬件详细信息。
🎬视频▶

01 下载并安装"鲁大师"软件，然后启动该软件，将自动检测电脑硬件信息。

02 在"鲁大师"软件的界面左侧，单击【硬件健康】按钮，在打开的界面中将显示硬件的制造信息。

03 单击软件界面左侧的【处理器信息】按钮，在打开的界面中可以查看 CPU 的详细信息，例如处理器类型、速度、生产工艺、插槽类型、缓存以及处理器特征等。

04 单击软件左侧的【主板信息】按钮，显示电脑主板的详细信息，包括型号、芯片组、BIOS 版本和制造日期。

05 单击软件左侧的【内存信息】按钮，显示电脑内存的详细信息，包括制造日期、型号和序列号等。

06 单击软件左侧的【硬盘信息】按钮，显示电脑硬盘的详细信息，包括产品型号、容量大小、转速、缓存、使用次数、数据传输率等。

07 单击软件左侧的【显卡信息】按钮，显示电脑显卡的详细信息，包括显卡型号、

显存大小、制造商等。

08 单击软件左侧的【显示器信息】按钮，显示显示器的详细信息，包括产品型号、显示器平面尺寸等。

09 单击软件左侧的【其他硬件】按钮，显示电脑网卡、声卡、键盘、鼠标的详细信息。

10 单击软件左侧的【功耗估算】按钮，显示电脑各硬件的功耗信息（功耗越低的电脑越节能）。

6.6.2 使用性能测试

用户想要知道电脑能够胜任哪方面的工作，如适用于办公、玩游戏、看高清视频等，可通过鲁大师对电脑进行性能测试。其具体操作如下。

【例6-18】 使用"鲁大师"测试并查看当前电脑的性能。 视频

01 启动鲁大师软件，然后关闭除鲁大师以外的所有正在运行的程序，单击其工作界面上方的【性能检测】按钮，默认选择【电脑性能检测】选项卡，单击【开始评测】按钮。

02 此时，软件将依次对处理器、显卡、内存以及磁盘的性能进行评测。

03 测试完成后，电脑会得到一个综合性能评分。此时，选择【综合性能排行榜】选项卡便可查看自己电脑的排名情况。

知识点滴

若只想对电脑中的某一项硬件性能进行测试，只需单击【电脑性能测试】选项卡中的【单项测试】按钮。

6.6.3 温度压力测试

温度压力测试会执行一系列复杂的运算来快速提升 CPU 和显卡的温度，从而来测试用户电脑的散热能力，协助排除电脑潜在的散热故障，下面具体介绍温度压力测试的操作方法。

【例6-19】使用"鲁大师"进行温度压力测试。 视频▶

01 启动鲁大师软件，单击【温度管理】按钮，选择【温度监控】选项卡，单击【温度压力测试】按钮。

02 打开提示框，阅读对话框中的说明后，单击【确定】按钮，开始进行测试。

03 此时会打开【LDSBenchmark】对话框进行测试，3 分钟后，如果没有过热报警，那么说明电脑散热正常，否则需要检查散热风扇或增加散热底座，这样即可进行温度压力测试，关闭测试对话框即可退出测试。

6.6.4 硬件温度管理

鲁大师的"温度管理"功能包括温度检测和节能降温两部分内容。

通过温度监控中显示的各类硬件温度的变化曲线图表，可以让用户了解当前的硬件温度是否正常；节能降温功能则可以节约电脑工作时消耗的电量，同时，也可以避免硬件在高温工作下出现损坏的情况。

【例6-20】使用"鲁大师"管理硬件温度。 视频▶

01 启动鲁大师软件，单击【温度管理】按钮，默认选择【温度监控】选项卡，在展开的界面中以曲线图的形式显示了当前电脑的散热情况。

02 在【资源占用】栏中显示了 CUP 和内存的使用情况，单击右上角的【优化内存】按钮，鲁大师将自动优化电脑的物理内存，使其达到最佳运行状态。

知识点滴

为了避免电脑硬件温度过高导致电脑死机或者重启情况的发生，在【温度监控】选项卡右下角的【功能开关】栏中，单击【已关闭】按钮开启高温报警提示功能，一旦电脑出现温度过高的情况，软件就会自动报警提醒用户降温。

03 选择【节能降温】选项卡，其中提供了全面节能和智能降温两种模式，选择【全面节能】单选按钮，单击【节能设置】|【设置】按钮。

04 打开【鲁大师设置中心】对话框，在"节能降温"选项卡中单击选中【根据检测到的显示器类型，自动启用合适的节能墙纸】复选框，单击【关闭】按钮。

05 返回【节能降温】选项卡，此时在【节能设置】选项中的【启用节能墙纸】选项显示已开启。

6.7 使用电脑外设

常用的电脑外设主要包括打印机、摄像头、数码相机和一些移动存储设备（例如 U 盘和移动硬盘等）。本节将详细介绍将这些设备连接到电脑的方法。

6.7.1 使用打印机

打印机是电脑的输出设备之一，用户可以利用打印机将电脑中的文档、表格以及图片、照片等打印到相关介质上。

1 连接打印机

在安装打印机前，应先将打印机连接到电脑上并装上打印纸。目前常见的打印机一般都为 USB 接口，只需连接到电脑主机的 USB 接口中，然后接好电源并打开打印机开关即可。

【例6-21】将打印机与电脑相连，并在打印机中装入打印纸。

01 使用 USB 连接线将打印机与电脑 USB 接口相连，并装入打印纸。

02 调整打印机中的打印纸的位置，使其位于打印机纸盒的中央。

03 接下来，连接打印机电源。

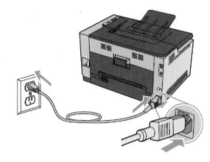

04 最后，打开打印机开关。

2 安装打印机

完成打印机的连接后，可以参考下例所介绍的方法，在电脑中安装并测试打印机。

【例6-22】在操作系统中安装打印机。

01 在桌面中，单击【开始】|【设置】按钮。

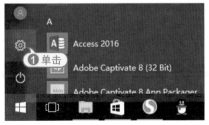

02 打开【Windows 设置】窗口，选择【设备】选项。

03 打开【添加打印机和扫描仪】窗口，选择【设备和打印机】选项。

04 打开【设备和打印机】窗口，单击【添加打印机】按钮。

05 打开【添加设备】窗口，选择【我所需的打印机未列出】选项。

06 打开【按其他选项查找打印机】窗口，选择【通过手动设置添加本地打印机或网络打印机】单选按钮，单击【下一步】按钮

07 打开【选择打印机端口】窗口，设置打印机端口，单击【下一步】按钮。

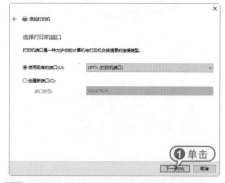

08 打开【安装打印机驱动程序】对话框，选择打印机厂商和打印机型号，单击【下一步】按钮。

09 打开【键入打印机名称】对话框，在【打印机名称】文本框中输入打印机的名称后，单击【下一步】按钮。

10 开始安装打印机驱动程序。

11 完成以上操作后，系统将打开如下图所示的对话框，完成打印机驱动程序的安装，用户可以在该对话框中单击【打印测试页】按钮，打印测试页，测试打印机的打印效果是否正常。

3 设置网络打印机

现在很多家庭中都有不止一台的电脑，如果为每台电脑都配备一台打印机过于浪费，可以让多台电脑共用一台打印机。

【例6-23】 在Windows 10操作系统中配置网络打印机 视频

01 在桌面中，单击【开始】|【设置】按钮。

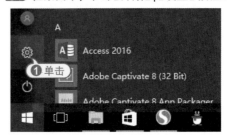

02 打开【Windows 设置】窗口，选择【设备】选项。

03 打开【添加打印机和扫描仪】窗口，选择【设备和打印机】选项。

04 打开【设备和打印机】窗格，单击【添加打印机】按钮。

05 打开【添加设备】窗口，选择【我所需的打印机未列出】选项。

06 打开【按其他选项查找打印机】窗口，选择【按名称选择共享打印机】单选按钮，单击【浏览】按钮。

07 在打开的对话框中选中网络中其他电脑上的打印机，然后单击【选择】按钮。

08 返回【添加打印机】对话框，单击【下一步】按钮，系统将连接网络打印机。

09 成功连接打印机后，可以在打开的对话框中输入打印机名称，单击【下一步】按钮。

10 最后，在打开的对话框中单击【完成】按钮，完成网络打印机的设置。

6.7.2 使用传真机

传真机在日常办公事务中发挥着非常重要的作用，它因其可以不受地域限制发送信号，且传送速度快、接收的副本质量好、准确性高等特点已成为众多企业传递信息的重要工具之一。

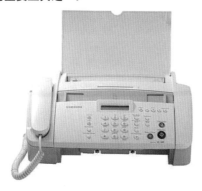

传真机通常具有普通电话的功能，但其操作比电话机复杂一些。传真机的外观与结构各不相同，但一般都包括操作面板、显示屏、话筒、纸张入口和纸张出口等部分。其中，操作面板是传真机最为重要的部分，它包括数字键、【免提】键、【应答】键和【重拨 / 暂停】键等，另外还包括【自动 / 手动】键、【功能】键、【设置】键等按键和一些工作状态指示灯。

1 发送传真

在连接好传真机之后，按下传真机的电源开关，就可以使用传真机传递信息了。

发送传真的方法很简单，先将传真机的导纸器调整到需要发送的文件的宽度，再将要发送的文件的正面朝下放入纸张入口中，在发送时，应把先发送的文件放置在最下面。然后拨打接收方的传真号码，要求对方传输一个信号，当听到从接受方传真机传来的传输信号 (一般是"嘟"声) 时，按【开始】键即可进行文件的传输。

2 接收传真

使用传真机接收传真的方式有自动接收和手动接收两种。

🔵 自动接收传真：当设置为自动接收模式时，用户无法通过传真机进行通话，当传真机检查到其他用户发来的传真信号后便会开始自动接收；当设置为手动接收模式时，传真的来电铃声和电话铃声一样，用户需手动操作来接收传真。

● 手动接收传真：当听到传真响起时拿起话筒，根据对方要求，按【开始】键接收信号。当对方发送传真数据后，传真机将自动接收传真文件。

6.8 进阶实战

本章的进阶实战部分包括使用显示器检测软件、使用鲁大师测试显卡性能等综合实例操作，用户通过练习从而巩固本章所学知识。

6.8.1 显示器检测软件

Piexl Exerciser 是一款专业的液晶显示器测试软件，该软件可以快速检测显示器可能存在的亮点和坏点。

【例6-24】使用Piexl Exerciser显示器检测软件检测液晶显示器的性能。 ◎ 视频

01 双击 Piexl Exerciser 启动图标，打开 Piexl Exerciser 软件的主界面，然后在该界面中选中 I have read 复选框，单击 Agree 按钮。

02 右击屏幕中显示的色块，在打开的菜单中选中 Set Size/Location 命令。

03 打开 Set Size&Location 对话框，在 Set Size 对话框中设置显示器的检测参数后，单击 OK 按钮。

04 右击屏幕中显示的色块，在打开的菜单中选中 Set Refresh Rate 命令，打开 Settings 对话框，输入显示器测试速率后，单击 OK 按钮。

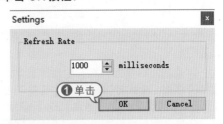

05 接下来，右击屏幕中显示的色块，在打开的菜单中选中 Start Exercising 命令，开始检测显示器性能。

6.8.2 使用鲁大师测试显卡

利用鲁大师的硬件检测功能和性能检测功能对显卡进行测试。

【例6-25】使用鲁大师软件测试显卡性能。 视频

01 启动鲁大师软件,单击【性能检测】按钮,在打开的【电脑性能测试】选项卡中,取消【显卡性能】以外的复选框,单击【开始评测】按钮。

02 此时鲁大师将开始检测电脑的显卡性能,稍作等待后将显示最终评测结果。

03 选择【显卡排行榜】选项卡,其中显示了该显卡的排名情况。

6.8.3 磁盘整理工具

Auslogics Disk Defrag 是一款支持FAT16、FAT32和NTFS分区的免费、高效的磁盘整理工具,提供了一个友好的用户界面。没有任何复杂的参数设置,非常简便,整理速度极快,而且提供完整的整理报告。

【例6-26】使用Auslogics Disk Defrag整理磁盘数据。 视频

01 启动 Auslogics Disk Defrag 软件,选择【文档(E:)】复选框,单击【整理】下拉按钮,在其下拉列表中,选择【分析】选项。

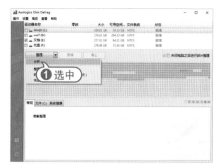

02 此时,该软件将对【文档(E:)】进行分析操作,并显示分析的进度。在按钮下方将以不同图块来显示磁盘碎片情况。

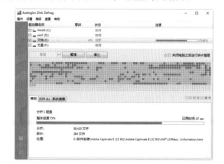

03 分析完成后,除了利用图块代表磁盘的碎片信息外,还在【常规】和【文件】选项卡中显示分析的结果信息。

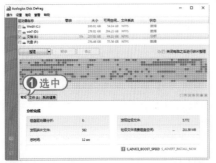

04 单击【整理】按钮，软件开始对该磁盘进行碎片整理操作，并分别在视图中和【常规】选项卡中，显示整理碎片的处理过程。

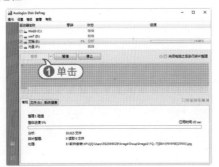

05 磁盘碎片整理完成后，将分别在【常规】和【文件】选项卡中显示整理碎片的情况。

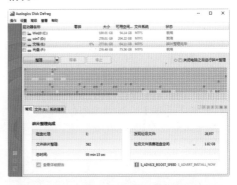

知识点滴

在视图中"白色"图块代表可用空间；"橘黄"图块代表正在处理；"绿色"图块代表未成碎片；"紫色"图块代表主文件表；"黑色"图块代表不可移动文件；"红色"图块代表已成碎片；"蓝色"图块代表已整理碎片。

6.9 疑点解答

●问：如何查看电脑诊断信息和配置？

答：按【Win+R】组合键，在打开的【运行】对话框，输入"dxdiag"命令，按回车键，在打开的 directX 系统诊断信息中，就会看到电脑的配置信息。

第7章

操作系统与常用软件

安装好操作系统之后，就可以开始体验该操作系统了。电脑在日常办公使用中，需要很多软件和硬件加以辅助。常用的软件有WinRAR压缩软件、影音播放软件等。本章将详细介绍在电脑中如何操作Windows 10系统和一些常用软件的使用方法。

对应光盘视频

例7-1 找回桌面图标
例7-2 将多个文件压缩
例7-3 使用右键压缩文件
例7-4 添加和删除文件
例7-5 设置压缩文件密码
例7-6 打开PDF文档

例7-7 朗读PDF文档
例7-8 输入古诗
例7-9 设置视频打开方式
例7-10 观看网络影片
例7-11 设置播放模式
本章其他视频文件参见配套光盘

7.1 认识 Windows 10

Windows 10 是微软公司继 Windows 8 之后推出的新一代操作系统,与其他版本的操作系统相比,具有很多新特性和优点,并且完美支持平板电脑。本节主要介绍 Windows 10 操作系统的新特性、Windows 10 的各版本及配置要求等。

7.1.1 Windows 10 系统特性

最新的 Windows 10 操作系统结合了 Windows 7 和 Windows 8 操作系统的优点,更符合用户的操作体验,下面就简单介绍 Windows 10 操作系统的新特性。

Windows 10 重新使用了【开始】按钮,但是采用了全新的【开始】菜单,在菜单右侧增加了现代的风格区域,将传统风格和现代风格有机地结合在一起,兼顾了老版本系统用户的使用习惯。

在 Windows 10 中,增加了个人智能助理——Cortana(小娜),可以记录并了解用户的使用习惯,帮助用户在电脑上查找资料、管理日历、跟踪程序包、查找文件等。

Windows10 提供了一种新的上网方式——Microsoft Edge,是一款全新推出的 Windows 浏览器,用户可以更方便地浏览网页、阅读、分享、做笔记等,而且可以在地址栏中输入搜索内容,快捷搜索浏览。

此外 Windows 10 还有许多其他新功能,如增加了云储存 OneDrive,用户可以将文件保存在网盘中,方便在不同电脑或手机中访问,增加了通知中心,可以查看各应用推送的信息;增加了 Task View(任务视图),可以创建多个传统桌面环境,另外还有平板模式、手机助手等。相信读者在接下来的学习和使用中,可以更好地体验新一代的操作系统。

7.1.2 Windows 10 系统版本

Windows 10 操作系统根据不同的用户群体，共划分为 7 个版本，如下所示。

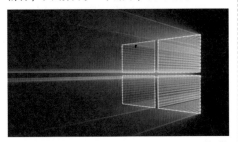

☁ 家庭版 Windows 10 Home：面向使用 PC、二合一平板电脑的消费者。它拥有 Windows 10 的主要功能包括 Cortana 语音助手 (选定市场)、Edge 浏览器、面向触控屏设备的 Continuum 平板电脑模式、Windows Hello(脸部识别、虹膜、指纹登录)、串流 Xbox One 游戏的能力、微软开发的通用 Windows 应用 (Photos、Maps、Mail、Calendar、Music 和 Video)。

☁ 专业版 Windows 10 Professional：面向使用 PC、二合一平板电脑的企业用户。除具有 Windows 10 家庭版的功能外，它还可以使用户能够管理设备和应用，保护敏感的企业数据，支持远程和移动办公，使用云计算技术。另外，它还带有 Windows Update for Business，微软承诺该功能可以降低管理成本、控制更新部署，让用户更快地获得安全补丁软件。

☁ 企业版 Windows 10 Enterprise：以专业版为基础，增加了大中型企业用来防范针对设备、身份、应用和敏感企业信息的现代安全威胁的先进功能，供微软的批量许可 (Volume Licensing) 客户使用，用户能选择部署新技术，其中包括使用 Windows Update for Business 的选项。作为部署选项，Windows 10 企业版将提供长期服务分支 (Long Term Servicing Branch)。

☁ 教育版 Windows 10 Education：以 Windows 10 企业版为基础，面向学校职员、管理人员、教师和学生。它将通过面向教育机构的批量许可计划提供给客户，学校将能够升级 Windows 10 家庭版和 Windows 10 专业版设备。

☁ 移动版 Windows 10 Mobile：面向尺寸较小、配置触控屏的移动设备，例如智能手机和小尺寸平板电脑，集成有与 Windows 10 家庭版相同的通用 Windows 应用和针对触控操作优化的 Office。部分新设备可以使用 Continuum 功能，因此连接外置大尺寸显示屏时，用户可以把智能手机用作 PC。

☁ 企业移动版 Windows 10 Mobile Enterprise：以 Windows 10 移动版为基础，面向企业用户。它将提供给批量许可客户使用，增加了企业管理更新，以及及时获得更新和安全补丁软件的方式。

☁ 物联网版 Windows 10 IoT Core：面向小型设备，主要针对物联网设备。微软预计功能强大的设备——例如 ATM、零售终端、手持终端和工业机器人，将运行 Windows 10 企业版和 Windows 10 移动企业版。微软将分阶段发布 Windows 10，Windows 10 将首先登录 PC，其次是手机，最后是 Surface Hub 和 HoloLens 等设备。

通过对以上 7 个 Windows 10 操作系统版本的认识，一般用户主要选择 Windows 10 家庭版和专业版。

7.1.3 硬件配置要求

为了拥有更多的用户量，微软兼顾了高中低档电脑配置的用户，确保大部分电脑能够运行 Windows 10 操作系统，对系统配置要求并不高，只要能够安装 Windows 7 和 Windows 8 操作系统的电脑都能够安装 Windows 10，硬件配置要求具体如下。

☁ 处理器：1.0Ghz 或更快。

📖 显示器：800×600 以上分辨率。

📖 内存：2GB 以上 (64 位版)；大于 1GB (32 位版)。

📖 硬盘空间：大于等于 16GB(32 位版)；大于等于 20GB(64 位版)。

📖 显卡：支持 DirectX 9。

7.1.4 32 位和 64 位系统

在选择系统时，会发现 Windows 10 操作系统分为 32 位 (x86)64 位 (x64)，本节介绍 32 位和 64 位操作系统的区别及应该如何选择系统。

1 32 位与 64 位系统的区别

在选择安装系统时，x86 代表 32 位操作系统，x64 代表 64 位操作系统，它们之间的区别如下所示。

📖 设计初衷不同：64 位操作系统的设计初衷是，满足机械设计和分析、三维动画、视频编辑和创作，以及科学计划和高性能计算等领域中需要大量内存和浮点性能的客户需求。而 32 位操作系统是为普通用户设计的。

📖 要求配置不同：64 位操作系统只能安装在 64 位电脑上 (CPU 必须 64 位的)。同时安装的常用软件也是 64 位的，以发挥其最佳性能。32 位操作系统则可以安装在 32 位 (32 位 CPU) 或 64 位 (64 位 CPU) 电脑上。当然，32 位操作系统安装在 64 位电脑上，64 位电脑就会无法完全发挥其全部作用。

📖 运算速度不同：64 位 CPU GPRs(通用寄存器) 的数据宽度为 64 位，64 位指令集可以运行 64 位数据指令，也就是说处理器一次可提取 64 位数据 (只要 2 个指令，一次提取 8 字节的数据)，比 32 位 (需要 4 个指令，一次提取 4 字节的数据) 提高了 1 倍，理论上性能会相应提升 1 倍。

📖 寻址能力不同：64 位处理器的优势还体现在系统对内存的控制上。由于地址使用的是特殊的整数，因此一个 ALU(算数逻辑运算器) 和寄存器可以处理更大的整数，也就是更大的地址。例如，Windows 10 x64 支持多达 128GB 的内存和多达 16TB 的虚拟内存，而 32 位 CPU 的操作系统最大只能支持 4GB 内存。

2 选择 32 位还是 64 位

关于如何选择 32 位和 64 位操作系统，用户可以参考以下几点

📖 兼容性及内存：与 64 位系统相比，32 位系统普及性好，有大量的软件支持，兼容性也较强。另外，64 位内存占用较大，如果无特殊要求，配置较低的电脑，建议选择 32 位系统。

📖 电脑内存：目前，市面上的处理器基本都是 64 位处理器，完全可以满足安装 64 位操作系统，用户一般不需要考虑是否满足安装条件。由于 32 位最大只支持 4GB 的内存，如果电脑安装的是 8GB 的内存，为了最大化利用资源，建议选择 64 位系统。

📖 工作需求：如果从事机械设计和分析、三维动画、视频编辑和创作等工作。可以发现新版本的软件仅支持 64 位，如 Matlab，因此就需要选择 64 位系统。

用户可以根据上述几点，选择最适合自己的操作系统。不过，随着硬件与软件的快速发展，64 位操作系统将是未来的主流。

7.2 认识 Windows 10 的桌面

进入 Windows 10 操作系统后，用户首先看到的就是桌面。本节主要介绍 Windows 10 桌面。

7.2.1 Windows 10 的桌面组成

桌面的组成元素主要包括桌面背景、桌面图标和任务栏等。

1 桌面背景

桌面背景可以是个人手机数字图片、Windows 提供的图片、纯色或带有颜色框架的图片。

2 桌面图标

Windows 10 操作系统中，所有文件、文件夹和应用程序等都由相应的图标表示。桌面图标一般由文字和图片组成，文字说明图标的名称或功能，图片是它的标识。新安装的系统桌面中只有一个【回收站】图标。

用户双击桌面上的图标，可以快速地打开相应的文件、文件夹或者应用程序、如双击桌面上的【回收站】图标，即可打开【回收站】窗口。

3 任务栏

【任务栏】是位于桌面最底部的长条，显示系统正在运行的程序、当前时间等，主要由【开始】按钮搜索框、任务视图、快速启动区、系统图标显示区和【显示桌面】按钮组成。和之前版本的操作系统相比，Windows 10 中的任务栏设计得更加人性化，使用更加方便，功能和灵活性更强大。按 Alt+Tab 组合键可以在不同的窗口之间进行切换操作。

4 通知区域

默认情况下，通知区域位于任务栏的右侧。它包含一些程序图标，这些程序图标提供有关电子邮件、更新、网络连接等事项的状态和通知。安装新程序时，可以将此程序的图标添加到该区域。

用户可以通过将图标拖动到所需的位置来更改图标在通知区域中的顺序以及隐藏图标。

5 开始按钮

单击桌面左下角的【开始】按钮或按下 Windows 按键，即可打开【开始】菜单，左侧依次为用户账户头像、常用的应用程序列表以及快捷选项，右侧为【开始】屏幕。

6 搜索框

Windows 10 中，搜索框和 Cortana 高度集成，在搜索框中直接输入关键词或打开【开始】菜单输入关键词，即可搜索相关的桌面程序、网页、我的资料等。

7.2.2 找回系统图标

刚装好 Windows 10 操作系统时，桌面上只有【回收站】一个图标，用户可以添加【此电脑】、【用户的文件】、【控制面板】和【网络】图标，具体操作如下所示。

【例7-1】找回传统桌面系统图标。 ◎视频◉

01 在桌面空白处右击，在打开的快捷菜单中选择【个性化】命令。

02 打开【设置】对话框，单击【主题】|【桌面图标设置】选项。

03 打开【桌面图标设置】对话框，在【桌面图标】选项组中，选择要显示的【桌面图标】前对应的复选框，单击【确定】按钮。

04 即可在桌面上添加系统图标。

7.3 【开始】菜单的基本操作

在Windows 10操作系统中,【开始】菜单与Windows 7系统中的【开始】菜单相比,界面经过了全新的设计,本节主要介绍【开始】菜单的基本操作。

7.3.1 查看菜单中的程序

打开【开始】菜单,即可看到最常用程序列表或所有应用选项。最常用程序列表主要罗列了最近使用最频繁的应用程序,可以查看最常用的程序。

单击【展开】扩展按钮,即可显示系统中安装的所有程序。

7.3.2 固定应用程序

系统默认情况下,【开始】屏幕主要包括生活动态及播放和浏览的主要应用程序,可以根据需要将应用程序添加到【开始】屏幕上。

打开【开始】菜单,在最常用程序列表或所有应用列表中,右击固定到【开始】屏幕的程序,在打开的快捷菜单中,选择【固定到"开始"屏幕】命令,即可固定到【开始】屏幕中。

如果要从【开始】屏幕取消固定,右击【开始】屏幕中的程序,在打开的快捷菜单中选择【从"开始"屏幕取消固定】命令即可。

7.3.3 将程序固定至任务栏

用户除了可以将程序固定到【开始】

屏幕外，还可以将程序固定到任务栏中的快速启动区域。

单击【开始】按钮，选择要添加到任务栏的程序并右击，在打开的快捷菜单中，选择【固定到任务栏】命令，即可将程序固定到任务栏中。

对于不常用的程序图标，用户也可以将其从任务栏中删除。右键单击需要删除的程序图标，在打开的快捷菜单中选择【从任务栏取消固定】命令。

进阶技巧

用户可以通过拖动鼠标，调整任务栏中程序图标的顺序。

7.3.4 动态磁铁的使用

动态磁铁 (Live Tile) 是【开始】屏幕界面中的图形方块，也叫"磁贴"，通过它可以快速打开应用程序，磁贴中的信息是根据时间或发展活动的，左下图为【开始】屏幕中的日历程序，开启了动态磁贴，右下图则为未开启动态磁贴。

1 调整磁贴大小

右击需要设置的磁贴，在打开的快捷菜单中选择【调整大小】命令，在打开的子菜单中有 4 种显示方式，包括小、中、宽和大，选择对应的命令，即可调整磁贴大小。

2 打开和关闭磁贴

右击选择的磁贴，在打开的快捷菜单中，选择【关闭动态磁贴】或【打开动态磁贴】命令，即可关闭或打开动态磁贴的动态显示。

3 调整磁贴位置

选择要调整位置的磁贴，按住鼠标左键不放，拖动至任意位置或分组，松开鼠标即可完成位置调整。

7.3.5 调整【开始】屏幕大小

在 Windows 10 中屏幕大小并不是一成不变的，用户可以根据需要调整大小，也可以将其设置为全屏幕显示。

调整【开始】屏幕大小时，用户只需将鼠标放在【开始】屏幕边栏右侧，横向调整其大小。

如果要全屏幕显示【开始】屏幕，按【Win+I】组合键，打开【设置】对话框，

单击【个性化】|【开始】选项，将【使用全屏幕"开始"菜单】设置为【开】即可。

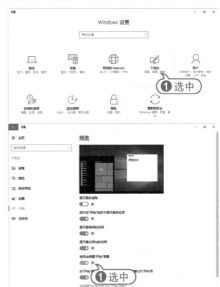

7.4 窗口的基本操作

在 Window 10 中，窗口是用户界面中最重要的组成部分。下面介绍窗口的基本操作。

7.4.1 窗口的组成元素

窗口是屏幕上一个应用程序相对应的矩形区域。当用户开始运行一个应用程序时，应用程序就创建并显示一个窗口；当用户操作窗口中的对象时，程序会做出相应的反应。用户通过关闭一个窗口来终止一个程序的运行，通过选择相应的应用程序窗口来选择相应的应用程序。

【此电脑】窗口由标题栏、地址栏、快速访问工具栏、导航窗格、内容窗口、搜索框和状态栏等部分组成。

1 标题栏

标题栏位于窗口的最上方，显示了当前的目录位置。标题栏右侧分别为"最小化"、"最大化/还原"、"关闭"3个按钮，单击相应的按钮可以执行对应的窗口操作。

2 快速访问工具栏

快速访问工具栏位于标题栏的左侧，显示当前窗口图标和查看属性、新建文件夹、自定义快速访问工具栏3个按钮。

单击【自定义快速访问工具栏】按钮，

打开下拉列表，用户可以单击选中列表中的功能选项，将其添加到快速访问工具栏中。

3 菜单栏

菜单栏位于标题栏下方，包含了当前窗口或窗口内容的一些常用操作菜单，在菜单栏的右侧为【展开功能区 / 最小化功能区】和【帮助】按钮。

4 地址栏

地址栏位于菜单栏的下方，主要显示从根目录开始到现在所在目录的路径，单击地址栏即可看到具体的路径。

在地址栏中直接输入路径地址，单击【转到】按钮，或按 Enter 键，可以快速到达要访问的位置。

5 控制按钮区

控制按钮区位于地址栏的左侧，主要用于返回、前进、上移到前一个目录位置，

单击下拉按钮，打开快捷菜单，可以查看最近访问的位置信息，选择其中的位置信息，可以实现快速进入该位置目录。

6 搜索框

搜索框位于地址栏的右侧，通过在搜索框中输入要查看信息的关键词，可以快速查找当前目录中相关的文件、文件夹。

搜索"此电脑" 🔍

7 导航窗格

导航窗格位于控制按钮下方，显示了电脑中包含的具体位置，如快速访问、OneDrive、此电脑、网络等，用户可以通过左侧的导航窗格，快速访问相应的目录。另外，用户也可以导航窗格中的【展开】按钮和【收缩】按钮，显示或隐藏详细的子目录。

8 内容窗口

内容窗口位于导航窗格右侧，是显示当前目录的内容区域，也叫工作区域。

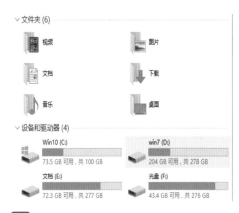

9 状态栏

状态栏位于导航窗格下，显示当前目录文件中的项目数量，根据用户选择的内容，显示所选文件或文件夹的数量、容量等属性信息。

10 视图按钮

视图按钮位于状态栏右侧，包含了【在窗口中显示每一项的相关信息】和【使用大缩略图显示项】两个按钮，用户可以单击选择视图方式。

7.4.2 打开和关闭窗口

打开和关闭窗口是最基本的操作，本节主要介绍其操作方法。

1 打开窗口

在 Windows 10 中，双击应用程序图标，即可打开窗口。在【开始】菜单列表、桌面快捷方式、快速启动工具栏中都可以打开程序的窗口。

另外，也可以右击程序图标，在打开的快捷菜单中选择【打开】命令，也可以打开窗口。

2 关闭窗口

窗口使用完后，用户可以将其关闭。常见的关闭窗口的方法有以下几种。

● 使用关闭按钮：单击窗口右上角【关闭】按钮，即可关闭当前窗口。

● 使用快速访问工具栏：单击快速访问工具栏最左侧的窗口图标，在打开的快捷菜单中单击【关闭】按钮，即可关闭当前窗口。

● 使用标题栏：右击标题栏，在打开的快捷菜单中选择【关闭】菜单命令。

● 使用任务栏：在任务栏上选择需要关闭的程序并右击，在打开的快捷菜单中选择【关闭窗口】命令。

● 使用快捷键：在需要关闭的窗口中按 Alt+F4 组合键，即可关闭当前窗口。

7.4.3 移动窗口的位置

当窗口没有处于最大化或最小化状态时，将鼠标指针放在需要移动位置的窗口的标题栏上，按住鼠标左键不放，拖动标题栏到需要移动到的位置，松开鼠标，即可完成窗口的位置移动。

7.4.4 调整窗口的大小

默认情况下，打开的窗口大小和上次

关闭时的大小一样。用户将鼠标指针移动到窗口的边缘，鼠标指针变为↕或者↔形状时，可上下或左右移动边框以纵向或横向改变窗口大小。将指针移动到到窗口的4个角，当鼠标指针变为↖或↗形状时，拖动鼠标，可沿水平或垂直两个方向等比例放大或缩小。

另外，单击窗口右上角的【最小化】按钮，可使当前窗口最小化；单击【最大化】按钮，可以使窗口最大化，在窗口最大化时，单击【向下还原】按钮，可还原到窗口最大化之前的大小。

进阶技巧

在当前窗口中双击窗口，可使当前窗口最大化，再次双击窗口，可以向下还原窗口。

7.4.5 切换当前窗口

如果同时打开了多个窗口，用户需要在各个窗口之间进行切换操作。

1 使用鼠标切换

如果打开了多个窗口，使用鼠标在需要切换的窗口中的任意位置单击，该窗口即可出现在所有窗口最前面。

另外，将鼠标指针停留在任务栏左侧的某个程序图标上，该程序图标上方会显示该程序的预览小窗口，在预览小窗口中移动鼠标指针，桌面上也会同时显示该程序中的某个窗口。如果是需要切换的窗口，单击该窗口即可在桌面上显示。

2 Alt+Tab 组合键

在 Windows 10 系统中，按键盘上的 Alt+Tab 组合键切换窗口时，桌面中间会出现当前打开的各程序预览小窗口。按住 Alt 键不放，每按一次 Tab 键，就会切换一次，直至切换到需要打开的窗口。

3 【Win+Tab】组合键

在 Window 10 系统中，可以按键盘上的 Win+Tab 组合键或单击【任务视图】按钮，即可显示当前环境中的所有窗口缩略图，选择需要切换的窗口，即可快速切换。

4 窗口贴边显示

在 Windows 10 系统中，如果需要同时处理两个窗口时，可以按住一个窗口的标题栏，拖动至屏幕左右边缘角落位置，窗口会出现气泡，此时松开鼠标，窗口即会贴边显示。

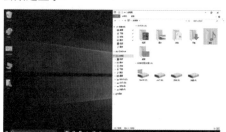

7.5 文件压缩与解压缩软件——WinRAR

在使用电脑的过程中，经常会碰到一些比较大的文件或者是比较零碎的文件，这些文件放在电脑中会占据比较大的空间，也不利于电脑中文件的整理。此时可以使用 WinRAR 将这些文件压缩，以便管理和查看。

7.5.1 文件的管理

文件是操作系统管理数据的最基本单位，当电脑中文件过多且排列无规律时，会给用户查找、使用、编辑以及管理电脑带来很大的困扰。因此文件越多，就越需要用户对文件进行合理有效的管理。

对于电脑而言，文件管理就是对文件存储空间进行组织、分配和回收，对文件进行存储、检索、共享和保护；对于用户而言，文件管理则是将各种数据文件分类管理，以便查找、使用、修改等。

在了解文件管理这一概念时，需要了解文件在电脑中存储的特点，以及文件的分类方式等。

1 文件在电脑中存储的特点

在电脑系统中，所有的数据都是以文

件的形式存在的。操作系统本身的文件也不例外。了解文件在电脑中存储的特点，有助于合理地管理这些文件。

💡 **文件名的唯一性**：在同一磁盘的同一目录下，不允许出现相同的文件名。

💡 **文件的可修改性**：文件可以被存储在磁盘、光盘和 U 盘等存储介质中，并且可以实现文件在电脑和存储介质之间的相互复制，也可以实现文件在电脑之间的相互复制。

💡 **文件位置的固定性**：文件在磁盘中存储的位置是固定的，在一些情况下，需要给出文件的存储路径，从而告诉程序和用户该文件的位置。

2 文件的分类

电脑中的文件可以分为两大类，一类是没有经过编译和加密的、由字符和序列组成的文件，被称作文本文件，包括记事本的文档、网页、网页样式表等；而另一类则是经过软件编译或加密的文件，被称作二进制文件，包括各种可执行程序、图像、声音、视频等文件。

当需要规划文件具体的用途时，可能会涉及更详细的文件分类，以更有效、方便地组织和管理文件

在 Windows 中常用的文件扩展名及其表示的文件类型如下表所示。

扩展名	文件类型
AVI	视频文件
BAK	备份文件
BAT	批处理文件
BMP	位图文件
EXE	可执行文件
DAT	数据文件
DCX	传真文件

（续表）

网站名称	网 址
DLL	动态链接库
DOC	Word 文件
DRV	驱动程序文件
FON	字体文件
HLP	帮助文件
INF	信息文件
MID	乐器数字接口文件
RTF	文本格式文件
SCR	屏幕文件
TTF	TrueType 字体文件
TXT	文本文件
WAV	声音文件

7.5.2 压缩文件

WinRAR 是目前最流行的一款文件压缩软件，其界面友好，使用方便，能够创建自释放文件，修复损坏的压缩文件，并支持加密功能。使用 WinRAR 压缩软件有两种方法：一种是通过 WinRAR 的主界面来压缩；另一种是直接使用右键快捷菜单来压缩。

1 通过 WinRAR 主界面压缩

本节通过一个具体实例介绍如何使过 WinRAR 的主界面压缩文件。

【例7-2】使用WinRAR将多个文件压缩成一个文件。💿视频▶

01 选择【开始】|【所有程序】|【WinRAR】|【WinRAR】命令。

02 打开 WinRAR 程序的主界面。选择要压缩的文件夹的路径，然后在下面的列表中选中要压缩的多个文件，单击工具栏中的【添加】按钮。

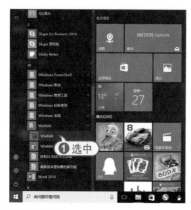

几个选项区域，它们的含义分别如下。

【压缩文件名】：单击【浏览】按钮，可选择一个已经存在的压缩文件，此时 WinRAR 会将新添加的文件压缩到这个已经存在的压缩文件中，另外，用户还可输入新的压缩文件名。

【压缩文件格式】：选择 RAR 格式可得到较大的压缩率，选择 ZIP 格式可得到较快的压缩速度。

【压缩方式】：选择【标准】选项即可。

【切分为分卷、大小】：当把一个较大的文件分成几部分来压缩时，可在这里指定每一部分文件的大小。

【更新方式】：选择压缩文件的更新方式。

【压缩选项】：可进行多项选择，例如压缩完成后是否删除源文件等。

2 通过右键快捷菜单压缩文件

WinRAR 成功安装后，系统会自动在右键快捷菜单中添加压缩和解压缩文件的命令，以方便用户使用。

03 打开【压缩文件名和参数】对话框，在【压缩文件名】文本框中输入"我的备份"，然后单击【确定】按钮，即可开始压缩文件。

【例7-3】使用右键快捷菜单将多本电子书压缩为一个压缩文件。 📹 视频▶

01 打开要压缩的文件所在的文件夹。按 Ctrl+A 组合键选中这些文件，然后在选中的文件上右击，在打开的快捷菜单中选择【添加到压缩文件】命令。

在【压缩文件名和参数】对话框的【常规】选项卡中有【压缩文件名】、【压缩文件格式】、【压缩方式】、【切分为分卷、大小】、【更新方式】和【压缩选项】

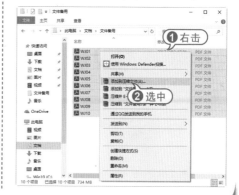

02 在打开的【压缩文件名和参数】对话框中输入"PDF备份",单击【确定】按钮,即可开始压缩文件。

知识点滴

使用 WinRAR 软件对文件进行压缩存放,不仅节省大量的磁盘空间,还可方便用户使用 U 盘等移动存储器来进行文件的存储与交换。

7.5.3 解压缩文件

压缩文件必须要解压才能查看。要解压文件,可采用以下几种方法。

1 通过 WinRAR 主界面解压文件

选择【开始】|【所有程序】|【WinRAR】|【WinRAR】命令,选择【文件】|【打开压缩文件】选项。

选择要解压的文件,然后单击【打开】按钮。选定的压缩文件将会被解压,并将解压的结果显示在 WinRAR 主界面的文件列表中。

另外,通过 WinRAR 的主界面还可将压缩文件解压到指定的文件夹中。方法是单击【路径】文本框最右侧的按钮,选择压缩文件的路径,并在下面的列表中选中要解压的文件,然后单击【解压到】按钮。

打开【解压路径和选项】对话框,在【目标路径】下拉列表框中设置解压的目标路径后,单击【确定】按钮,即可将该压缩文件解压到指定的文件夹中。

2 使用右键快捷菜单解压文件

直接右击要解压的文件，在打开的快捷菜单中有【解压文件】、【解压到当前文件夹】和【解压到】3个相关命令可供选择。它们的具体功能分别如下：

选择【解压文件】命令，可打开【解压路径和选项】对话框。用户可对解压后文件的具体参数进行设置，例如【目标路径】、【更新方式】等。设置完成后，单击【确定】按钮，即可开始解压文件。

选择【解压到当前文件夹】命令，系统将按照默认设置，将该压缩文件解压到当前的目录中。

选择【解压到…】命令，可将压缩文件解压到当前的目录中，并将解压后的文件保存在和压缩文件同名的文件夹中。

3 双击压缩文件解压文件

直接双击压缩文件，可打开 WinRAR 的主界面，同时该压缩文件会自动解压，并将解压后的文件显示在 WinRAR 主界面的文件列表中。

7.5.4 管理压缩文件

在创建压缩文件时，可能会遗漏所要压缩的文件或多选了无须压缩的文件。这时可以使用 WinRAR 管理文件，在原有已压缩好的文件里添加或删除即可。

【例7-4】在创建好的压缩文件中添加和删除文件。 视频

01 双击压缩文件，打开 WinRAR 对话框，单击【添加】按钮。

02 打开【请选择要添加的文件】对话框，选择所需添加到压缩文件中的文件，然后单击【确定】按钮，打开【压缩文件名和参数】对话框。

03 单击【确定】按钮，即可将文件添加到压缩文件中。

04 如果要删除压缩文件中的文件，在WinRAR 窗口中选中要删除的文件，单击【删除】按钮。

7.5.5 设置压缩包文件加密

完成压缩文件后，如果不想让其他人看到压缩文件里面的内容，可以使用WinRAR 压缩软件为压缩文件添加密码。

【例7-5】设置压缩包文件密码。 视频▶

01 双击压缩包文件，在打开的压缩包的窗口中，选择要设置密码的文件夹，单击【添加】按钮。

02 打开【请选择要添加的文件】对话框，选择要设置密码的文件夹，单击【确定】按钮。

03 打开【压缩文件名和参数】对话框，选择【常规】选项卡，单击【设置密码】按钮。

04 打开【输入密码】对话框，在【输入密码】和【再次输入密码以确认】文本框中输入密码，单击【确定】按钮。

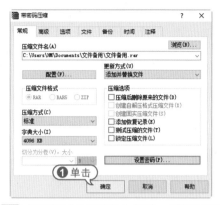

05 返回【带密码压缩】对话框，单击【确定】按钮，完成密码设置。

06 再次打开此压缩包文件时，会弹出【输入密码】对话框，只有输入密码才可打开该压缩包文件。

7.6 阅读 PDF 文档——Adobe Reader

　　PDF 全称为 Portable Document Format，译为可移植文档格式，是一种电子文件格式。要阅读该种格式的文档，需要特有的阅读工具即 Adobe Reader。Adobe Reader(也称为 Acrobat Reader)是美国 Adobe 公司开发的一款优秀的 PDF 文档阅读软件，除了可以完成电子书的阅读外，还增加了朗读、阅读 eBook 及管理 PDF 文档等多种功能。

7.6.1 阅读 PDF 文档

　　PDF 是 Adobe 公司开发的独特的跨平台文件格式。通过它可以把文档的文本、格式、链接、图形图像和声音等所有信息磨合在一个特殊的文件中。现在该文档已经成为新一代电子文本的行业标准。

　　PDF 文档的阅读方法和常用的 Word 文档的阅读方法有所不同，下面将介绍使用 Adobe Reader 阅读 PDF 文档。

【例7-6】通过Adobe Reader软件阅读PDF文档。🕙 视频▶

01 启动 Adobe Reader 程序软件，在 Adobe Reader 的操作界面中，选择【文件】|【打开】选项。

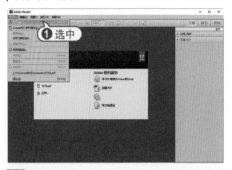

02 打开【打开】对话框，选择文档的存储位置，在列表框中选择要打开的文档，单击【打开】按钮。

03 此时即可打开该文档进行阅读。

04 单击 Adobe Reader 操作界面左侧导览窗格中的【页面缩略图】按钮，在显示的文档表中单击需要阅读的文档缩略图，即可快速打开指定的页面并在浏览区中进行阅读。单击导览窗格中的【关闭】按钮，关闭导览窗格。

05 单击工具栏中【缩放】按钮右侧的下拉按钮，在打开的下拉列表中选择所需要的缩放比例后，便可在浏览区中放大显示文档内容。

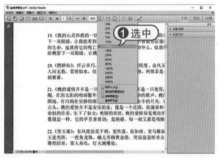

06 单击工具栏中的【下一页】按钮，即可翻到下一页阅读文档内容。

知识点滴

在 Adobe Reader 操作界面工具栏中的【页面数值】文本框中，输入要阅读的文档所在页面，按 Enter 键可快速跳转至指定页面，并在浏览区中进行阅读。

07 在工具栏中的【页面数值】文本框中输入指定页面的页码，按 Enter 键，快速指向该页面，然后将其放大至 150%。

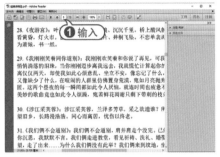

08 单击工具栏中的【高亮文本】按钮，将鼠标指针移至需要突出显示的文本上后，按住鼠标左键并拖动鼠标，使其突出的文本以黄底黑色的形式显示，单击工具栏中的【打印】按钮。

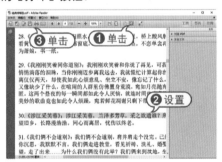

09 打开【打印】对话框，设置打印机、打印范围和打印份数等参数后，单击【打印】按钮即可开始打印文档。

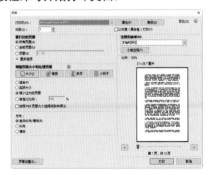

7.6.2 选择和复制文档内容

使用 Adobe Reader 阅读 PDF 文档时，可以选择和复制其中的文本及图像，然后将其粘贴到 Word 和记事本等文字处理软件中。

● 选择和复制部分文档：在 Adobe Reader 软件中打开要编辑的 PDF 文档后，将鼠标光标移至 Adobe Reader 的文档浏览区，当其变为 I 形状时，在需要选择文本的起始点单击并按住鼠标左键不放进行拖动，至目标位置后再释放鼠标，此时鼠标光标变为 形状。选择【编辑】|【复制】选项，或 Ctrl+C 组合键。打开文字处理软件，按 Ctrl+V 组合键，即可将所选文档复制到文字处理软件中。

● 选择和复制全部文档：在 Adobe Reader 软件中打开要编辑的 PDF 文档后，选择【编辑】|【全部选定】菜单命令或按 Ctrl+A 组合键，选择全部文档内容，选择【编辑】|【复制】选项，或按 Ctrl+C 组合键，然后，打开文字处理软件，按 Ctrl+V 组合键，即可将全部文档复制到文字处理软件中。

7.6.3 使用朗读功能

Adobe Reader 拥有语音朗读功能，而且操作十分方便，该功能对于有特殊需求的用户是非常有用的。

【例7-7】通过Adobe Reader软件朗读PDF文档。 ▶视频▶

01 在Adobe Reader操作界面中，选择【文件】|【打开】选项。打开需要朗读的 PDF 文档。

02 将插入点定位至需要朗读文本所在的段落中，然后，在菜单栏中选择【视图】|【朗读】|【启用朗读】选项。

03 此时，在页面上将出现矩形框，框中内容将会被朗读。

04 在菜单栏中，选择【视图】|【朗读】|【仅朗读本页】选项，或直接按 Shift+Ctrl+V 组合键，软件将自动朗读从插入点所在页的开始至结尾的所有文档内容。

05 在菜单栏中，选择【视图】|【朗读】|【朗读到文档结尾处】选项，或者直接按下 Shift+Ctrl+B 组合键。将自动朗读从插入点所在页开始至文档结尾的所有内容。

知识点滴

在朗读文档时，使用 Ctrl+Shift+C 组合键可暂停和启动朗读功能。

06 在软件朗读过程中，当需要停止朗读时，可选择【视图】|【朗读】|【停用朗读】菜单命令或直接按 Ctrl+Shift+V 组合键，即可停用该功能。

知识点滴

单击工具栏中的【以阅读方式查看】按钮，将自动隐藏操作界面中的工具栏和导览窗格两项，此时，更方便用户查看文档内容。若要取消该查阅方式，则可按 Esc 键退出。

7.7 输入法软件——搜狗拼音

搜狗拼音输入法(简称搜狗输入法、搜狗拼音)是由搜狐公司推出的一款 Windows 平台下的汉字拼音输入法，至 2007 年 3 月至今已推出多个版本。搜狗拼音输入法是基于搜索引擎技术、特别适合网民使用的新一代输入法，用户可以通过互联网备份自己的个性化词库和配置信息。与整句输入风格的"智能狂拼"不同的是，它偏向于词语输入特性，是中国国内现今主流汉字拼音输入法之一，奉行永久免费的原则。

7.7.1 ⟨ 搜狗拼音输入法特点

搜狗拼音输入法是目前国内主流的拼音输入法之一。

它采用了搜索引擎技术，与传统输入法相比，输入速度有了质的飞跃，在词库的广度、词语的准确度上，都远远领先于其他输入法。

搜狗拼音输入法具有以下特点：

🌀 网络新词：搜狐公司将网络新词作为搜狗拼音最大优势之一。鉴于搜狐公司同时开发搜索引擎的优势，搜狐声称在软件开发过程中分析了 40 亿网页，将字、词组按照使用频率重新排列。在官方首页上还有搜狐制作的同类产品首选字准确率对比。用户使用表明，搜狗拼音的这一设计的确在一定程度上提高了打字的速度。

🌀 快速更新：不同于许多输入法依靠升级来更新词库的办法，搜狗拼音采用不定时在线更新的办法。这减少了用户自己造词的时间。

● 整合符号：这一项同类产品中也有做到。但搜狗拼音将许多符号表情也整合进词库，如输入"haha"得到"^_^"。另外还提供一些用户自定义的缩写，如输入"QQ"，则显示"我的QQ号是XXXXXX"等。

● 笔画输入：输入时以"u"做引导，以"h"（横）、"s"（竖）、"p"（撇）、"n"（捺，也作"d"（点））、"t"（提）用笔画结构输入字符。值得一提的是，竖心的笔顺是点点竖（nns），而不是竖点点。

● 手写输入：最新版本的搜狗拼音输入法支持扩展模块，增加手写输入功能，当用户按u键时，拼音输入区会出现"打开手写输入"的提示，或者查找候选字超过两页也会提示，单击可打开手写输入（如果用户未安装，单击会打开扩展功能管理器，可以在线安装）。该功能可帮助用户快速输入生字，极大地增加了用户的输入体验。

● 输入统计：搜狗拼音提供一个统计用户输入字数，测试打字速度的功能。但每次更新都会清零。

● 输入法登录：可以使用输入法登录功能

登录搜狗、搜狐、chinaren、17173等网站。

● 个性输入：用户可以选择多种精彩皮肤，更有每天自动更换一款的皮肤系列功能。最新版本按"i"键可开启快速换肤。

● 细胞词库：细胞词库是搜狗首创的、开放共享、可在线升级的细分化词库功能。细胞词库包括但不限于专业词库，通过选取合适的细胞词库，搜狗拼音输入法可以覆盖几乎所有的中文词汇。

7.7.2 输入单个汉字

使用搜狗拼音输入法输入单个汉字时，可以使用简拼输入方式，也可以使用全拼输入方式。

例如，用户要输入一个汉字"和"，可按H键，此时输入法会自动显示首个拼音为H的所有汉字，并将最常用的汉字显示在前面。

此时"和"字位于第二个位置，因此直接按数字键2，即可输入"和"字。

另外用户还可使用全拼输入方式，直接输入拼音HE，此时"和"字位于第一个位置，直接按空格键即可完成输入。

如果用户要输入英文，在输入拼音后

直接按 Enter 键即可输入相应的英文。

7.7.3 输入词组

搜狗拼音输入法具有丰富的专业词库，并能根据最新的网络流行语更新词库，极大地方便了用户的输入。

例如，用户要输入一个词组"天空"，可按 T、K 两个字母键。

此时输入法会自动显示首个拼音为 T 和 K 的所有词组，并将最常用的汉字显示在前面，如下图所示，此时用户按数字 1 键即可输入"天空"。

搜狗拼音输入法丰富的专业词库可以帮助用户快速地输入一些专业词汇，例如，股票基金、电脑名词、医学大全和诗词名句大全等。另外，对于一些游戏爱好者，还提供了专门的游戏词库。下面利用诗词名句大全词库来输入一首古诗。

【例7-8】使用搜狗拼音输入法输入古诗《静夜思》。 视频

01 启动记事本程序，切换至搜狗拼音输入法。

02 依次输入诗歌第一句话的前 4 个字的声母：C、Q、M、Y，此时在输入法的候选词语中出现诗句"床前明月光"。

03 直接按数字键 3 即可输入该句。按下 Enter 键换行。

04 然后输入诗歌第二句的前 4 个字的声母：Y、S、D、S，此时在输入法的候选词语中出现诗句"疑是地上霜"。直接按下数字键 3 输入该句。

05 按照同样的方法输入诗歌的后两句。

7.7.4 快速输入符号

在搜狗拼音输入法中可以输入多种特殊符号，如三角形（△▲）、五角星（☆★）、对勾（√）、叉号（×）等。如果每次输入这种符号都要去特殊符号库中寻找，未免过于麻烦，其实用户只要输入这些特殊符号的名称就可快速输入相应的符号了。

例如，用户要输入★，可直接输入拼音 WJX，然后在候选词语中即可显示★符号，用户直接按数字键 4 即可完成输入。

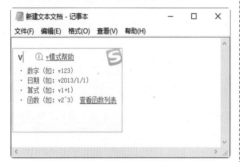

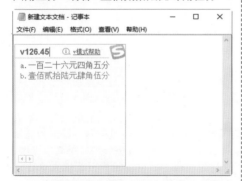

7.7.5 V 模式的使用

使用 V 模式可以快速输入英文，也可以快速输入中文数字，当用户直接输入字母 V 时，会显示如下图所示的提示。

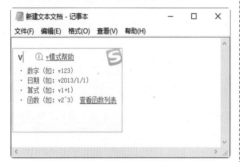

🔵 中文数字金额大小写：输入 V126.45，可得如下结果："一百二十六元四角五分"或者"壹佰贰拾陆元肆角伍分"。

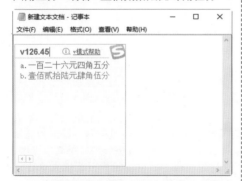

🔵 输入罗马数字（99 以内）：输入 V56，可得到多个结果，包括中文数字的大小写等，其中可选择需要的罗马数字。

🔵 日期自动转换：输入 V2017-12-28，可快速将其转化为相应的日期格式，包括星期几。

🔵 计算结果快速输入：搜狗拼音输入法还提供了简单的数字计算功能，例如，输入"V7+5*6+47"，将得到算式和结果。

🔵 简单函数计算：搜狗拼音输入法还提供了简单的函数计算功能，例如，输入"Vsqrt88"，将得到数字"88"的开平方计算结果。

7.7.6 笔画输入法

笔画输入法是目前最简单易学的一种汉字输入法。对于不懂汉语拼音，而又希望在最短时间内学会电脑打字，以快速进入电脑实际应用阶段的新手用户来说，使用笔画输入法是一条不错的捷径。

搜狗拼音输入法自带了笔画输入法功能。在搜狗拼音输入法状态下，按下键盘上的字母键 U，即可开启笔画输入状态。

1 笔画输入法的 5 种笔画分类

笔画是汉字结构的最低层次，根据书写方向将其归纳为以下 5 类：

- 从左到右（一）的笔画为横。
- 从上到下（丨）的笔画为竖。
- 从右上到左下（丿）的笔画为撇。
- 从左上到右下（丶）的笔画为捺和点。
- 带转折弯钩的笔画（乙或乛）为折。

2 5 个笔画分类的说明

笔画输入法中 5 种基本笔画包含的范围说明如下。

- 横："一"，包括"提"笔。
- 竖："丨"，包括"竖左钩"，例如"直"字的第二笔一样的笔画也是竖。
- 撇："丿"，从右上到左下的笔画都算是撇。

- 捺和点："丶"，从左上到右下的都归为点，不论是捺还是点。
- 折："乙或乛"，除竖左钩外所有带折的笔画，都算是折。特别注意以下 3 种也属于折，例如："横勾"、"竖右勾"和"弯钩"。

3 搜狗拼音输入法中对应的按键

在搜狗拼音输入法中，5 种笔画对应的键盘按键如下。

- （一）横：对应字母键 H 或小键盘上的数字键 1。
- （丨）竖：对应字母键 S 或小键盘上的数字键 2。
- （丿）撇：对应字母键 P 或小键盘上的数字键 3。
- （丶）捺和点：对应字母键 N 或小键盘上的数字键 4。
- （乙或乛）折：对应字母键 Z 或小键盘上的数字键 5。

4 常见的疑难偏旁和疑难字

常见的疑难偏旁有以下这些。

竖心旁（如"情"）：点、点、竖。

> u'442
> 1.忄(xīn,shù) 2.懂(huī) 3.怄(kuāng) 4.怩(nǐ) 5.愁(chóu) ①打开手写输入

雨字头（如"雪"）：横、竖、折、竖、点。

> u'12524
> 1.雨(yǔ,yù) 2.迹(bó) 3.迊(zā) ①打开手写输入

臼字头（如"舅"）：撇、竖、横、折、横、横。

> u'321511
> 1.臼(jiù) 2.毇(huǐ) 3.毈(huǐ) 4.擎(huī) 5.鑿(záo) ①打开手写输入

宝盖头（如"宝"）：点、点、折。

> u'445
> 1.宀(bǎo,mián) 2.宀(zhǔ) 3.豐(fēng) 4.害(hài) 5.囫(hú) ①打开手写输入

反犬旁（如"狼"）：撇、折、撇。

> u'353
> 1.犭(fǎn,quǎn) 2.猰(yà,jiá,qiè) 3.獉(zhēn) 4.犴(hān,àn) 5.狂(kuáng) ①打开手写输入

常见的疑难字有以下这些：

那：折、横、横、撇、折。

比：横、折、撇、折。

皮：折、撇、竖、折、点。

与：横、折、横；

以：折、点、撇、点；

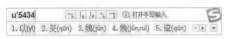

非：竖、横、横、横。

北：竖、横、横、撇、折。

7.7.7 手写输入法

除了笔画输入法以外，还可以使用另一种更加简便的输入方式：手写输入。它类似于用笔在纸上写字，只不过"笔"被换成了鼠标，"纸"被换成了屏幕上的写字板区域。

搜狗拼音输入法带有手写输入的附加功能，该功能需要用户自行安装。

在搜狗拼音输入法状态下，按下字母键U，打开如下图所示的界面，然后单击【打开手写输入】链接。

如果用户的电脑中尚未安装手写输

入插件，则单击该链接后，会自动安装该插件。安装完成后会打开【手写输入】界面。

在【手写输入】界面中，中间最大的区域是手写区域，右上部是预览区域，右下部是候选字区域。

左下角有两个按钮。

【退一笔】按钮：单击该按钮可撤销上一笔的输入。

【重写】按钮：单击该按钮，可清空手写区域。

用户若要输入汉字，可先将光标定位在输入点，然后使用鼠标指针在【手写输入】面板中书写汉字。书写完成后，在【手写输入】界面的右上角会显示与书写者"写入"的汉字最接近的一个汉字，直接单击该汉字即可完成该汉字的输入。

在界面的右下部分会显示与书写者输入汉字比较接近的多个汉字，供用户选择。

7.8 影视播放软件——暴风影音

暴风影音是北京暴风科技有限公司推出的一款视频播放器,该播放器兼容大多数的视频和音频格式。暴风影音是目前最为流行的影音播放软件。

7.8.1 常见的视频文件格式

视频泛指将一系列静态影像以电信号的方式加以捕捉、记录、处理、储存、传送和重现的各种技术。简而言之,视频文件就是具备动态画面的文件,与之对应的就是图片、照片等静态画面的文件。目前视频文件的格式化多种多样,下面归纳几种最常见的格式进行介绍。

🔘 RMVB 格式:RMVB 格式视频文件实际上是 Real Networks 公司指定的 RM 视频格式的升级版本。RMVB 视频不仅质量高、文件小,还具有内置字幕和无须外挂插件支持等独特优点,是目前使用率较高的视频格式之一。

🔘 AVI 格式:AVI 格式是 Microsoft 公司推出的视频音频交错格式,是一种桌面系统上的低成本、低分辨率的视频格式。其优点是可以跨多个平台使用,缺点是占用空间大。

🔘 WMV 格式:WMV 格式也是 Microsoft 公司推出的,其优点如下:可扩充的媒体类型、本地或网络回放、可伸缩的媒体类型、优先级化、多语言支持、扩展性强等。

🔘 MPEG 格式:MPEG 包括了 MPEG-1、MPEG-2 和 MPEG-4 在内的多种视频格式。其中,MPEG-1 被广泛地应用在 VCD 的制作和一些视频片段下载的网络应用上面;MPEG-2 则应用在 DVD 的制作和 HDTV(高清晰电视广播)等一些高要求视频编辑;MPEG-4 则是目前最流行的 MP4 格式,它可以在其中嵌入任何形式的数据,具有高质量、低容量的优点。

🔘 FLV 格式:FLV 格式全称为 Flashvideo,

是在 Sorenson 公司的压缩算法的基础上开发出来的。它的文件较小、加载速度快,是目前各在线视频网站比较喜欢的视频格式。

7.8.2 认识暴风影音操作窗口

将暴风影音安装到电脑上以后,启动软件,其中各组成部分的作用分别如下。

🔘 播放界面:该区域用于显示所播放视频的内容,在其上右击,在打开的快捷菜单中通过不同命令来实现文件的打开、播放和界面尺寸的调整等操作。

🔘 播放工具栏:该栏中集合了暴风影音的各种控制按钮,通过单击按钮可实现对视频播放的控制、工具的启用、播放列表和暴风盒子的显示与隐藏等操作。

🔘 播放列表:该列表主要由两个选项卡组成,其中"在线影视"选项卡中罗列了暴风影音整理的各种网络视频选项;"正在播放"选项卡中显示的则是当前正在播放和添加到该选项卡中准备播放的视频文件。

🔘 暴风盒子:该区域专门针对观看网络视频时使用,通过该组成部分可以更加方便地查找和查看网络视频。

7.8.3 播放本地电影

安装暴风影音后，系统中视频文件的默认打开方式一般会自动变更为使用暴风影音打开。此时直接双击该视频文件，即可开始使用暴风影音进行播放。如果默认打开方式不是暴风影音，用户可将默认打开方式设置为暴风影音。

【例7-9】将系统中视频文件的默认打开方式修改为使用暴风影音打开。 视频

01 右击视频文件，选择【打开方式】|【选择其他应用】命令。

02 打开【打开方式】对话框，在列表中选择【暴风影音5】选项，然后选中【始终使用此应用打开 .MP4 文件】复选框，单击【确定】按钮。

03 即可将视频文件的默认打开方式设置

为使用暴风影音打开，此时视频文件的图标也会变成暴风影音的格式。

04 双击视频文件，即可使用暴风影音播放该文件。

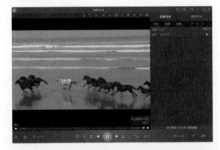

知识点滴

单击暴风影音操作界面左上角的暴风影音下拉按钮，在打开的下拉列表中选择【文件】|【打开文件】命令，在打开的对话框中双击视频文件即可播放视频。

7.8.4 播放网络电影

为了方便用户通过网络观看影片，暴风影音提供了一个【在线影视】功能。使用该功能，用户可方便地通过网络观看自己想看的电影。

【例7-10】通过暴风影音的【在线影视】功能观看网络影片。 视频

01 启动暴风影音播放器，默认情况下会

自动在播放器右侧打开播放列表。如果没有打开播放列表，可在播放器主界面的右下角单击【打开播放列表】按钮。

02 打开播放列表后，切换至【在线影视】选项卡。在该列表中双击想要观看的影片，稍作缓冲后，即可开始播放。

03 此时，开始播放电影。在播放器中，单击左下角的【开启"左眼键"】按钮，打开【左眼键】功能。

04 在【播放列表】的【正在播放】列表中，右击播放目录，选择【从播放列表删除】|【清空播放列表】命令，即可清空当前的播放列表。

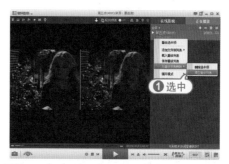

05 单击主界面右下角的【暴风盒子】和【关闭播放列表】按钮，即可关闭暴风盒子和播放列表。

06 单击右上角的【皮肤管理】按钮，在展开的列表中选择一种皮肤，可下载并自动更换皮肤。

7.8.5 设置播放模式

使用暴风影音播放器时，如果播放列表中的视频项目过多，用户可以根据播放需要，对播放模式进行设置。下面介绍设置暴风影音播放模式的操作方法。

【例7-11】设置暴风影音播放模式。 ◎视频▸

01 启动暴风影音播放器，切换到【正在播放】选项卡，在视频播放列表的任意位置右击，在打开的快捷菜单中，选择【循环播放】|【列表循环】选项。

02 通过该方法设置即可完成设置暴风影音播放模式的操作，再次播放视频时，暴风影音即可按照【列表循环】模式播放视频。

7.8.6 截取视频片段

暴风影音可以将视频中的部分内容截取为一段新的视频，但前提是该视频必须为本地电脑中的视频文件，截取视频片段的具体操作如下。

【例7-12】通过暴风影音截取视频片段。
◎视频▸

01 启动暴风影音播放器，切换到【正在播放】选项卡，在视频播放列表的任意位置右击，在打开的快捷菜单中，选择【视频转码/截取】/【片段截取】选项。

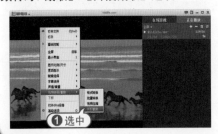

02 打开【输出格式】对话框，设置【输出类型】和【品牌型号】，单击【确定】按钮。

03 打开【暴风转码】对话框，在下方的【输出目录】栏中单击【浏览】按钮设置截取视频的保存位置，在右侧的【片段截取】选项卡中通过滑块设置截取开始位置和结束位置，单击【开始】按钮。

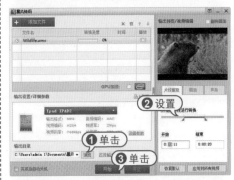

7.8.7 切换至最小界面

使用暴风影音播放器播放本地视频时，为使播放界面更加简洁直观，可以将播放器标准界面切换至最小界面。下面介绍将暴风影音切换至最小界面的操作方法。

【例7-13】将暴风影音播放器切换至最小界面。 ◎视频▸

01 启动暴风影音播放器，单击播放器左上角的暴风影音下拉按钮，在打开的下拉

菜单中选择【播放】|【最小界面】命令。

02 通过以上方法即可完成将暴风影音切换至最小界面的操作,切换后的暴风影音界面更加简洁大方。

知识点滴

使用暴风影音播放器播放视频时,在键盘上按下快捷键1,同样可以将暴风影音播放器切换至最小界面。

7.8.8 设置显示比例

使用暴风影音播放器播放本地视频时,可以对播放视频的显示比例进行设置,暴风影音提供了多种显示比例,下面介绍设置暴风影音显示比例的操作方法。

【例7-14】通过暴风影音设置显示比例。
🔻 视频 ▶

01 启动暴风影音播放器,单击播放器左上角的暴风影音下拉按钮,在打开的下拉

菜单中选择【播放】|【显示比例/尺寸】|【按4:3比例显示】命令。

02 通过以上方法即可完成设置显示比例的操作,设置显示比例后,播放的视频将以4:3的比例显示。

知识点滴

使用暴风影音播放器播放视频时,在键盘上按Enter键后,可以快速地将播放器全屏显示并播放当前视频。

7.8.9 常用快捷键操作

在使用暴风影音看电影时,如果能熟记一些常用的快捷键操作,则可增加更多的视听乐趣。常用的快捷键如下。

💡 **全屏显示影片**:按Enter键,可以全屏显示影片,再次按下Enter键即可恢复原始大小。

💡 **暂停播放**:按Space(空格)键或单击影片,可以暂停播放。

💡 **快进**:按右方向键→或者向右拖动播放控制条可以快进。

快退：按左方向键←或者向左拖动播放控制条可以快退。

加速/减速播放：按 Ctrl+↑键或Ctrl+↓键，可使影片加速/减速播放。

截图：按 F5 键，可以截取当前影片显示的画面。

升高音量：按向上方向键↑或者向前滚动鼠标滚轮。

减小音量：按向下方向键↓或者向后滚动鼠标滚轮。

静音：按 Ctrl+M 可关闭声音。

7.8.10 使用暴风盒子

暴风盒子是一种交互式播放平台，它不仅可以指导用户选择需要的视频文件，也允许用户进行实时评论。使用该盒子的几种常用操作分别如下。

使用类型导航：利用暴风盒子上方的类型导航栏，可以按视频类别选择所有需要观看的对象，包括电影、电视、动漫、综艺、教育、资讯、游戏和音乐等类别。如单击【电影】超链接，便可根据需要继续在暴风盒子中进行筛选，包括按地区、按类别、按年代和按格式筛选等，从而方便更准确

地搜索需要观看的视频对象。

搜索影片：直接在暴风盒子上方的文本框中输入视频名称，单击右侧的【搜索】按钮可快速搜索相关视频。

查看并管理影片：当找到需要观看的视频后，可将鼠标指针移至该视频的缩略图上，并单击出现的【详情】超链接，此时将显示该视频的选项内容，包括评分、演员和剧情介绍等。用户可在【格式】栏中选择需要观看的视频格式，单击【播放】按钮即可播放视频，单击 + 按钮可将该视频添加到播放列表。

7.9 进阶实战

本章的进阶实战主要介绍管理【开始】屏幕、更改桌面背景、设置个性化图标等综合实例操作，用户通过练习从而巩固本章所学知识。

7.9.1 自定义【开始】屏幕

用户可以根据需要自定义【开始】屏幕，如将最常用的应用、网站、文件夹等固定到【开始】屏幕上，并对其进行合理分类，以便于快速访问，也可以使视觉效果更加美观。

【例7-7】自定义【开始】屏幕。 ▶视频

01 单击【开始】按钮，在打开的【开始】屏幕中选择要移除的磁贴，右击鼠标，在

打开的快捷菜单中，选择【从"开始"屏幕取消固定】命令，移除该磁贴。

02 使用该方法,将【开始】屏幕中所有不需要的磁贴移除。

03 选择【所有选项】选项,在打开的所有应用列表中,选择要固定到【开始】屏幕的程序并右击,在打开的快捷菜单中,选择【固定到"开始"屏幕】命令。

04 将最常用的程序固定到【开始】屏幕上。

05 将程序添加到【开始】屏幕后,即可对其进行归类分组。选择一个磁贴向下空白处拖动,即可独立为一个组。

06 将鼠标移至该磁贴上方空白处,则显示为【命名组】字样,单击此处即可显示文本框,可以在框中输入名称。

07 此时可以拖动相关的磁贴到该组中。

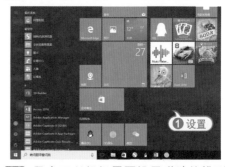

08 用户可以根据需要设置磁贴的排列顺序。

09 使用同样的方法,对其他磁贴进行分类。

10 用户也可以根据使用情况拖动分类的组进行排序。

7.9.2 更改桌面背景

桌面背景就是 Windows 10 系统桌面的背景图案，又称为"壁纸"。背景图片一般是图像文件，Windows 10 系统自带了多个桌面背景图片供用户选择使用，用户也可以自定义桌面背景。

- ▶

【例7-8】设置更改Windows10系统的桌面背景图。 ▶视频▶

◀ -

01 在系统桌面上右击鼠标，在打开的菜单中选择【个性化】命令，打开【设置】窗口，选择【背景】选项。

02 在显示的选项区域中，单击【选择图片】组中的图片即可使用 Windows 10 自带的图片更改操作系统的桌面背景。

03 单击【选择契合度】按钮，在打开的菜单中可以设置背景图的显示方式。

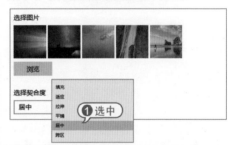

04 单击【背景】按钮，在打开的菜单中选择【纯色】命令，在显示的【背景色】组中可以为桌面设置纯色背景。

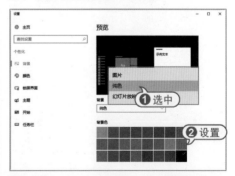

05 单击【背景】按钮，在打开的菜单中选择【幻灯片放映】命令，在显示的选项组中，用户可以在桌面上设置定时放映幻灯片背景，单击【浏览】按钮。

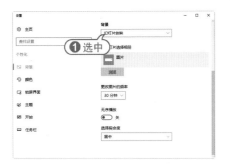

06 打开【选择文件夹】对话框，选择一个文件夹，然后单击【选择此文件夹】按钮，Windows 10 将自动使用该文件夹中的图片作为幻灯片播放图片。

7.9.3 设置个性化图标

Windows 10 允许用户自定义系统桌面上的图标名称、样式和大小等属性，具体方法如下。

1 重命名图标

重命名桌面图标的方法：右击图标后，在打开的菜单中选择【重命名】命令，然后输入新的图标名称并按下回车键即可。

2 自定义图标样式

如果用户需要自定义桌面快捷图标的样式，可以按以下方法操作。

【例7-9】自定义Windows10系统的图标样式。 视频

01 右击快捷图标，在打开的菜单中选择【属性】命令，在打开的【属性】窗口中单击【更改图标】按钮。

02 打开【更改图标】对话框，单击【浏览】按钮。

03 在打开的对话框中选择一个图片文件后单击【打开】按钮，将图片添加至上图所示【更改图标】对话框的【从以下列表中选择一个图标】列表框中，然后单击【确定】按钮，返回【属性】对话框并再次单击【确定】按钮即可。

04 如果需要自定义系统图标(例如此电脑、回收站)的样式，可以在系统桌面上右击，在打开的菜单选择【个性化】命令，

05 打开【设置】窗口，选择【主题】选项，在显示的【主题】选项区域中单击【桌面图标设置】选项。

06 打开【桌面图标设置】对话框，单击【更改图标】按钮。

07 打开【更改图标】对话框，选择一种图标样式后，单击【确定】按钮。

08 返回【桌面图标设置】对话框，单击【确定】按钮即可。

3 调整桌面图标大小

在系统桌面右击鼠标，在打开的菜单中选择【查看】命令，在显示的子菜单中用户可以设定桌面图标的大小。

7.10 疑点解答

◆ 问：如何隐藏搜索框？

答：在任务栏上右击，在打开的快捷菜单中选择【搜索】|【隐藏】命令，即可隐藏搜索框。

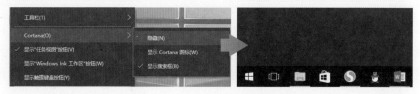

第8章

网络设备

作为电脑技术和通信技术的产物，电脑网络帮助人们实现了电脑之间的资源共享、协同操作等功能。如今，随着信息化社会的不断发展，电脑网络已经普及，成为人们日常工作和生活中必不可少的一部分。

对应光盘视频

例8-1 ADSL宽带上网   例8-6 将网页保存为PDF
例8-5 收藏网页

8.1 了解电脑上网

电脑网络是近 20 年最热门的话题之一，特别是随着 Internet 在全球范围的迅速发展，电脑网络应用已遍及政治、经济、军事科技、生活等人类活动的一切领域，正越来越深刻地影响和改变着人们的学习和生活。

8.1.1 常见网络名词

在接触网络连接时，总会碰到许多英文缩写或不太容易理解的名词，下面进行简单介绍。

● ADSL：在电信服务提供商端，需要将每条开通 ADSL 业务的电话线路连接在数字用户线路访问多路复用器 (DSLAM) 上。而在用户端，用户需要使用一个 ADSL 终端 (因为和传统的调制解调器 (Modem) 类似，所以也被称为"猫")来连接电话线路。由于 ADSL 使用高频信号，所以在两端还都要使用 ADSL 信号分离将 ADSL 数据信号和普通音频电话信号分离出来，避免打电话的时候出现噪音干扰。

● 4G：是集 3G 与 WLAN 于一体，并能够快速传输音频、视频和图像等。4G 能够以 100Mb/s 以上的速度下载，并能够满足几乎所有用户对于无线服务的要求。此外，4G 可以在 DSL 和有线电视调制解调器没有覆盖的地方部署，然后再扩展到整个地区。很明显，4G 有着不可比拟的优越性。

● Modem：调制解调器，俗称"猫"，是一种电脑硬件。它能把电脑的数字信号翻译成可沿普通电话线传送的脉冲信号，而这些脉冲信号又可被线路另一端的另一个调制解调器接收，并译成电脑可懂的语言。

● 带宽：在模拟信号系统又叫频宽，是指在固定的时间可传输的资料数量，亦即在传输管道中可以传递数据的能力。通常以每秒传送周期或赫兹 (Hz) 来表示。在数字设备中，带宽指单位时间能通过链路的数据量。通常以 bps 来表示，即每秒可传输位数。

● WLAN：无线局域网络，英文全名为 Wireless Local Area Networks，简写为 WLAN。它是相当便利的数据传输系统，它利用射频 (Radio Frequency，RF) 技术，使用电磁波，取代旧式双绞铜线所构成的局域网络，在空中进行通信连接。

● Wi-Fi 是一种允许电子设备连接到一个无线局域网 (WLAN) 的技术，通常使用 2.4G UHF 或 5G SHF ISM 射频频段。连接到无线局域网通常是有密码保护的；但也可以是开放的，这样就允许任何在 WLAN 范围内的设备可以连接上。Wi-Fi 是一个无线网络通信技术的品牌，由 Wi-Fi 联盟所持有。目的是改善基于 IEEE 802.11 标准的无线网路产品之间的互通性。有人把使用 IEEE 802.11 系列协议的局域网称为无线保真。甚至把 Wi-Fi 等同于无线网际网路 (Wi-Fi 是 WLAN 的重要组成部分)。

● Wi-Gig：是在现存的 Wi-Fi 技术之上，研发实现传输速度更快的 Wi-Gig(超高速无线数据传输前端系统)，未来每秒可传送 7Gb 数据量，速度较现时普遍采用的 Wi-Fi 快约 50 倍，新技术将于 3 年至 5 年内普及。

8.1.2 电脑连接上网的方式

上网方式主要包括 ADSL 宽带上网、小区宽带上网、PLC 上网等，不同的上网方式所带来的网络体验也不相同。

1 ADSL 宽带上网

ADSL 是一种数据传输方式，它采用频分复用技术把普通的电话分成了电话、上行和下行 3 个相对独立的通信，从而避免了相互之间的干扰。即使边打电话边上网，也不会发生上网速率和通话质量下降的情况。通常 ADSL 在不影响正常电话通信的情况下可以提供最高 3.5Mb/s 的上行速度和最高 24Mb/s 的下行速度，ADSL 的速率比 N-ISDN、Cable Modem 的速率要快得多。

2 小区宽带上网

小区宽带一般指的是光纤到小区，也就是 LAN 宽带，整个小区共享一根光纤。

使用大型交换机分配网线给各个用户，不需要使用 ADSL Modem 设备，配有网卡的电脑即可连接上网。在用户不多的时候，速度非常快。这是大中城市目前较普遍的一种宽带接入方式，有多家公司提供此类宽带接入方式、如联通、电信和长城宽带等。

3 PLC 上网

PLC(Power Line Communication，电力线通信) 是指利用电力线传输数据和语音信号的一种通信方式。电力线通信是利用电力线作为通信载体，加上一些 PLC 局端和终端调制解调器，将原有电力网变成电力线通信网络，将原来所有的电源插座变为信息插座的一种通信技术。

8.2 网卡

网卡是局域网中连接电脑和传输介质的接口，它不仅能实现与局域网传输介质之间的物理连接和电信号匹配，还涉及帧的发送与接收、帧的封装与拆封、介质访问控制、数据的编码与解码以及数据缓存的功能等。本节将详细介绍网卡的常见类型、硬件结构、工作方式和选购常识。

8.2.1 网卡常见类型

随着超大规模集成电路的不断发展，电脑配件一方面朝着更高性能的方向发展，另一方面朝着高度整合的方向发展。在这一趋势下，网卡逐渐演化为独立网卡和集成网卡两种不同的形态。

🔵 集成网卡：集成网卡 (Integrated LAN) 又称为板载网卡，是一种将网卡集成到主板上的做法。集成网卡是主板不可缺少的一部分，有 10M/100M、DUAL 网卡、千兆网卡及无线网卡等类型。

🔵 独立网卡：独立网卡相对集成网卡在使用与维护上都更加灵活，且能够为用户提供更为稳定的网络连接服务，而且在数据传输中不容易出现丢包的情况，使用时对于 CPU 的占有率会稍微小一些，其外观与其他电脑适配卡类似。

虽然，独立网卡与集成网卡在形态上有所区别，但这两类网卡在技术和功能等方面却没有太多的不同，其分类方式也较为一致。常见的网卡类型有以下几种。

1 按数据通信速率分类

常见网卡所遵循的通信速率标准分为 10Mb/s、100Mb/s、10/100Mb/s 自适应、10/100/1000Mb/s 自适应等几种，其中 10Mb/s 的网卡由于其速度太慢，早已退出主流市场；具备 100Mb/s 速率的网卡虽然在市场上非常常见，但随着人们对网络速度需求的增加，已经开始逐渐退出市场，取而代之的是 10/100Mb/s 自适应以及更快的 1000Mb/s 网卡。

2 按总线接口类型分类

在独立网卡中，根据网卡与电脑连接时所采用总线的接口类型不同，可以将网卡分为 PCI 网卡、PCI-E 网卡、USB 网卡和 PCMCIA(笔记本专用接口)网卡等几种类型，其各自的特点如下。

◖ PCI 网卡：PCI 网卡即 PCI 插槽的网卡，主要用于 100Mb/s 速率的网卡。

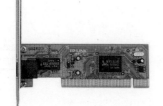

◖ PCI-E 网卡：PCI-E 网卡采用 PCI-Express X1 接口与电脑进行连接，此类网卡可以支持 1000Mb/s 速率。

◖ USB 网卡：USB 网卡即 USB 接口的网卡，此类网卡的特点是体积小巧、便于携带安装和使用方便。

◖ PCMCIA 网卡：PCMCIA 网卡是一种专用于笔记本电脑的网卡，此类网卡受到笔记本电脑体积的限制，其大小不能做的像 PCI 和 PCI-E 网卡那么大。随着笔记本电脑的日益普及，PCMCIA 网卡在市场上较为常见，很容易找到，PCMCIA 总线分为两类，一类为 16 位的 PCMCIA，另一类为 32 位的 CardBus。

3 按应用领域分类

按网卡的应用领域分，可以将网卡分为普通网卡与服务器网卡两类，其区别在于服务器网卡无论在带宽、接口数量还是稳定性、纠错能力等方面都强于普通网卡。此外，很多服务器网卡都支持冗余备份、热插拔等功能。

8.2.2 网卡的选购常识

网卡虽然不是电脑中的主要配件，但却在电脑与网络通信中起着极其重要的作用。为此，用户在选购选卡时，也应了解一些常识性的知识，包括网卡的品牌、规格等。

🔘 网卡的品牌：用户在购买网卡时，应选择信誉较好的品牌，例如 D-Link、TP-Link 等。这是因为品牌信誉较好的网卡在质量上有保障，其售后服务也较普通品牌的产品要好。

🔘 网卡的工艺：与其他电子产品一样，网卡的制作工艺也体现在材料质量、焊接质量等方面。用户在选购网卡时，可以通过检查网卡 PCB(电路板) 上焊点是否均匀、干净以及有无虚焊、脱焊等现象，来判断一块显卡的工艺水平。

🔘 网卡的接口和速率：用户在选购网卡之前，应明确选购网卡的类型、接口、传输速率及其他相关情况，以免出现购买的网卡无法使用或不能满足需求的情况。

8.3 双绞线

双绞线 (网线) 是局域网中最常见的一种传输介质，尤其是在目前常见的以太网局域网中，双绞线更是必不可少的布线材料。本节将详细介绍双绞线的组成、分类、规格以及连接方式等内容。

8.3.1 双绞线的分类

双绞线 (Twisted Pair) 是由两条相互绝缘的导线按照一定的规格互相缠绕 (一般以顺时针缠绕) 在一起而制成的一种通用配线，属于信息通信网络传输介质。双绞线过去主要用于传输模拟信号，但现在同样适用于数字信号的传输。

1 按有无屏蔽层分类

目前，局域网中所使用的双绞线根据结构的不同，主要分为屏蔽双绞线和非屏蔽双绞线两种类型，其各自的特点如下。

进阶技巧

> 在实际组建局域网的过程中，所采用的大都是非屏蔽双绞线，本书下面所介绍的双绞线都是指非屏蔽双绞线。

🔘 屏蔽双绞线：屏蔽双绞线电缆的外层由铝箔包裹，以减小辐射。根据屏蔽方式的不同，屏蔽双绞线又分为两类，即 STP 和 FTP。其中，STP 是指双绞线内的每条线都有各自屏蔽层的屏蔽双绞线，而FTP则是采用整体屏蔽的屏蔽双绞线。需要注意的是，屏蔽只在整个电缆均有屏蔽装置，并且两端正确接地的情况下才起作用。

❯ 非屏蔽双绞线(UTP)：非屏蔽双绞线无金属屏蔽材料，只有一层绝缘胶皮包裹，价格相对便宜，且组网灵活。

2　按线径粗细分类

常见的双绞线包括5类线、超5类线以及6类线等几类线，前者线径细而后者线径粗，其具体型号如下所示。

❯ 五类线(CAT5)：五类双绞线是最常用的以太网电缆线。相对四类线，五类线增加了绕线密度，并且外套一种高质量的绝缘材料，其线缆最高频率带宽为100MHz，最高传输率为100Mb/s，用于语音传输和最高传输速率为100Mb/s的数据传输，主要用于100BASE-T和1000BASE-T网络，最大网段长为100m。

❯ 超五类线(CAT5e)：超5类线主要用于千兆位以太网(1000Mb/s)，其具有衰减小，串扰少等特点。

❯ 六类线(CAT6)：六类线的传输性能远远高于超五类标准，最适用于传输速率高于

1Gb/s的应用，其电缆传输频率为1MHz～250MHz。

❯ 超六类线(CAT6e)：超六类线的传输带宽介于六类和七类之间，为500MHz。

❯ 七类线(CAT7)：七类线的传输带宽为600MHz，可用于10吉比特以太网。

8.3.2　双绞线的水晶头

在局域网中，双绞线的两端都必须安装RJ-45连接器(俗称水晶头)才能与网卡和其他网络设备相连，发挥网线的作用。

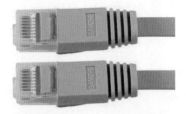

双绞线水晶头的安装制作标准有EIA/TIA 568A和EIA/TIAB两个国际标准，其线序排列方法如下。

❯ EIA/TIA568A：绿白、绿、橙白、蓝、蓝白、橙、棕白、棕。

❯ EIA/TIA568B：橙白、橙、绿白、蓝、蓝白、绿、棕白、棕。

在组建局域网的过程中，用户可以以下两种不同的方法制作出双绞线来连接网络设备或电脑。根据双绞线制作方法的不同，得到的双绞线被分别称为直连线和交叉线。

1　直连线

直连线用于连接网络中电脑与集线器(或交换机)的双绞线。直连线分为一一对应接法和100M接法，其中一一对应接法，即双绞线的两头连线要互相对应，一头的一脚，一定要连着另一头的一脚，虽无顺序要求，但要一致。采用100M接法的直连线能满足100M带宽的通信速率，其接

法虽然也是一一对应，但每一脚的颜色是固定的，具体排列顺序为：白橙 / 橙 / 白绿 / 蓝 / 白蓝 / 绿 / 白棕 / 棕。

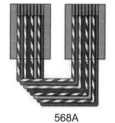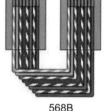

568A   568B

2 交叉线

交叉线称为反线，其线序按照一端 568A，一端 568B 的标准排列，并用 RJ45 水晶头夹好。在网络中，交叉线一般用于相同设备的连接，如路由器连接路由器、电脑连接电脑之间。

8.3.3 双绞线的选购常识

网线（双绞线）质量的好坏直接影响网络通信的效果。用户在选购网线的过程中，应考虑种类、品牌、包裹层等问题。

🔵 网线的种类：在网络产品市场中，网线的品牌及种类很多。大多数用户选购网线的类型一般是五类线或超五类线。由于许多消费者对网线不太了解，所以一部分商家便会将用于三类线的导线封装在印有五类双绞线字样的电缆中冒充五类线出售，或将五类线当成超五类线来销售。因此，用户在选购网线时，应对比五类线与超五类线的特征，鉴别买到的网线种类。

🔵 注意名牌和假货：从双绞线的外观来看，五类双绞线采用质地较好并耐热、耐寒的硬胶作为外部包裹层，使其能在严酷的环境下不会出现断裂或褶皱，其内部使用做工比较扎实的 8 条铜线，而且反复弯曲铜线不易折断，具有很强的韧性。用户在选购时，不仅要通过网线品牌选购网线，而且还应注意拿到手的网线质量。

🔵 看网线外部包裹层：双绞线的外部绝缘皮上一般都印有其生产厂商产地、执行标准、产品类别、线长标识等信息。用户在选购时，可以通过网线包裹层外部的这些信息判断其是否是自己所需的网线类型。

8.4 ADSL Modem

ADSL Modem 是 ADSL（非对称用户数字环路）提供调制数据和解调数据的设备器，其最高支持 8Mb/s（下行）和 1Mb/s（上行）的速率，抗干扰能力强，适合普通家庭用户使用。

8.4.1 ADSL Modem 的类型

目前，市场上出现的 ADSL Modem 按照其与电脑的连接方式，可以分为以太网 ADSL Modem、USB ADSL Modem 以及 PCI ADSL Modem 等几种。

1 以太网 ADSL Modem

以太网 ADSL Modem 是一种通过以太网接口与电脑进行连接的 ADSL Modem。常见的 ADSL Modem 都属于以太网 ADSL Modem。

以太网 ADSL Modem 的性能最为强大，功能比较丰富，有的型号还带有路由和桥接功能，其特点是安装与使用都非常简单，只需将各种线缆与其进行连接后即可开始工作。

2 USB ADSL Modem

USB ADSL Modem 在以太网 ADSL Modem 的基础上增加了一个 USB 接口，用户可以选择使用以太网接口或 USB 接口与电脑进行连接。USB ADSL Modem 的内部结构、工作原理与以太网 ADSL Modem 并没有太大的区别。

3 PCI ADSL Modem

PCI ADSL Modem 是一种内置式 Modem。相对于以太网 ADSL Modem 和 USB ADSL Modem，该 ADSL Modem 的安装方式稍微复杂一些，需要用户打开电脑主机机箱，将 Modem 安装在主板上相应的插槽内。另外，PCI ADSL Modem 大多只有一个电话接口，其线缆的连接也较简单。

8.4.2 ADSL Modem 的选购

用户在选购一款 ADSL Modem 的过程中，应充分考虑其接口、安装软件以及是否随机附带分离器等方面，具体如下。

🔵 选择接口：现在 ADSL Modem 的接口方式主要有以太网、USB 和 PCI 三种。USB、PCI 接口的 ADSL Modem 适用于家庭用户，其性价比较好，并且小巧、方便、实用；外置型以太网接口的 ADSL Modem 更适用于企业和办公室的局域网，它可以带多台电脑进行上网。另外，有的以太网接口的 ADSL Modem 同时具有桥接和路由的功能，这样就可以省掉一个路由器。外置型以太网接口带路由功能的 ADSL Modem 支持 DHCP、NAT、RIP 等功能，还有自己的 IP POOL(IP 池) 可以给局域网内的用户自动分配 IP，既可以方便网络的搭建，又能够节约组网的成本。

🔵 比较安装软件：虽然 ADSL 被电信公司广泛推广，而且 ADSL Modem 在装配和使用上也都很方便，但这并不等于说 ADSL 在推广中就毫无障碍。由于 ADSL

Modem 的设置相对较复杂，厂商提供安装软件的好坏直接决定用户是否能够顺利地安装 ADSL Modem。因此，用户在选购 ADSL Modem 时还应充分考虑其安装软件是否简单易用。

是否附带分离器：由于 ADSL 使用的信道与普通 Modem 不同，其利用电话介质但不占用电话线，因此需要一个分离器。有的厂家为了追求低价，就将分离器单独拿出来卖，这样 ADSL Modem 就会相对便宜，用户选购时应注意这一点。

8.5 宽带路由器

路由器作为一种网间连接设备，一个作用是联通不同的网络，另一个作用是选择信息传送的线路。选择通畅快捷的近路，能大大提高通信速度，减轻网络系统通信负荷，节约网络系统资源，提高网络系统畅通率。多数宽带路由器针对中国宽带应用优化设计，可满足不同的网络流量环境，具备满足良好的电网适应性和网络兼容性。

8.5.1 路由器的常用功能

宽带路由器是近几年来新兴的一种网络产品，它伴随着宽带的普及应运而生。宽带路由器在一个紧凑的箱子中集成了路由器、防火墙、带宽控制和管理等功能，具备快速转发能力，拥有灵活的网络管理和丰富的网络状态等特点。

1 内置 PPPoE 虚拟拨号

在宽带数字线上进行拨号，不同于模拟电话线上用调制解调器的拨号，一般情况下，采用专门的协议 PPPoE，拨号后直接由验证服务器进行检验，检验通过后就建立起一条高速的用户数字线路，并分配相应的动态 IP。宽带路由器或带路由的以太网接口 ADSL 等都内置有 PPPoE 虚拟拨号功能，可以方便地替代手工拨号接入宽带。

2 内置 DHCP 服务器

宽带路由器都内置有 DHCP 服务器的功能和交换机端口，便于用户组网。DHCP 是 Dynamic Host Configuration Protocol(动态主机分配协议) 的缩写，该协议允许服务器向客户端动态分配 IP 地址和配置信息。

3 网络地址转换 (NAT) 功能

宽带路由器一般利用网络地址转换功能 (NAT) 实现多用户的共享接入，NAT 功能比传统的采用代理服务器 Proxy Server 方式具有更多的优点。NAT 功能提供了连接互联网的一种简单方式，并且通过隐藏内部网络地址的手段可以为用户提供安全的保护。

除了上面所介绍的几种功能以外，宽带路由器还具备虚拟专用网络(VPN)功能、DMZ功能、MAC功能、DDNS功能以及防火墙功能。

8.5.2 路由器的选购常识

由于宽带路由器和其他网络设备一样，品种繁多、性能和质量也参差不齐，因此用户在选购时，应充分考虑需求、品牌、功能、指标参数等因素，并综合各项参数做出最终的选择。

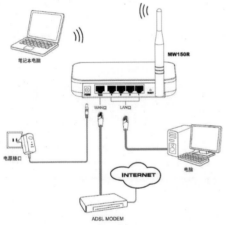

💠 明确需求：用户在选购宽带路由器时，应首先明确自身需求。目前，由于应用环境的不同，用户对宽带路由器也有不同的要求，如SOHO(家庭办公)用户需要简单、稳定、快捷的宽带路由器；而中小型企业和网吧用户对宽带路由器的要求则是技术成熟、安全、组网简单方便、宽带接入成本低廉等。

💠 指标参数：路由器作为一种网间连接设备，一个作用是连接不同的网络，另一个作用是选择信息传送的线路。选择快捷路径，能大大提高通信速度，减轻网络系统的通信负荷，节约网络系统资源，提高网络系统性能。在此之中，宽带路由器的吞吐量、交换速度及响应时间是3个最为重要的参数，用户在选购时应特别留意。

💠 功能选择：随着技术的不断发展，宽带路由器的功能不断扩展。目前，市场上大部分宽带路由器提供VPN、防火墙、DMZ、按需拨号、支持虚拟服务器、支持动态DNS等功能。用户在选购时，应根据自己的需求选择合适的产品。

💠 选择品牌：在购买宽带路由器时，应该选择信誉较好的名牌产品，例如TP-Link、D-Link等。

8.6 无线网络设备

无线网络是利用无线电波作为信息传输媒介所构成的无线局域网(WLAN)，与有线网络的用途十分类似。组建无线网络所使用的设备便称为无线网络设备，与普通有线网络设备所使用的设备有一定的差别。

8.6.1 无线AP

无线AP(Access Point)即无线接入点，它是用于无线网络的无线交换机，也是无线网络的核心。无线AP是移动电脑用户进入有线网络的接入点，主要用于宽带家庭、大楼内部以及园区内部，典型距离覆盖几十米至上百米。

1 无线AP与无线路由器的区别

单纯型无线AP的功能相对简单，其功能相当于无线交换机（与集线器的功能类似）。无线AP主要是提供无线工作站对有线局域网和从有线局域网对无线工作站的访问，在访问接入点覆盖范围内的无线工作站可以通过它进行相互访问。

无线路由器除了提供WAN接口（广域网接口）外，还提供多个有线LAN口（局域网接口）。借助于路由器功能，可以实现家庭无线网络中的Internet连接共享，实现ADSL和小区宽带的无线共享接入。另外无线路由器可以将通过它进行无线和有线连接的终端都分配到一个子网，这样子网内的各种设备交换数据就将非常方便。

2 组网方式

无线路由器可以将WAN接口直接与ADSL中的Ethernet接口连接，然后将无线网卡与电脑连接，并进行相应的配置，实现无线局域网的组建。

单纯的无线AP没有拨号功能，只能与有线局域网中的交换机或者宽带路由器进行连接后，才能在组建无线局域网的同时共享Internet连接。

8.6.2 无线网卡

无线网卡与普通网卡的功能相同，是连接在电脑中利用无线传输介质与其他无线设备进行连接的装置。无线网卡并不像有线网卡的主流产品只有10/100/1000 Mb/s等规格，而是分为11Mb/s、54Mb/s以及108Mb/s等不同的传输速率，并且不同的传输速率分别属于不同的无线网络传输标准。

1 无线网络的传输标准

与无线网络传输有关的IEEE802.11系列标准中，现在与用户实际使用有关的标准包括802.11a、802.11b、802.11g和802.11n标准。

其中，802.11a标准和802.11g标准的传输速率都是54Mb/s，但802.11a标准的5GHz工作频段很容易和其他信号冲突，而802.11g标准的2.4GHz工作频段则较之相对稳定。

进阶技巧

另外，工作在 2.4GHz 频段的还有 802.11b 标准，但其传输速率只能达到 11Mb/s。现在随着 802.11g 标准产品的降价，802.11b 标准已经逐渐不被使用。

2 无线网卡的接口类型

无线网卡除了具有多种不同的标准之外，还包含有多种不同的应用方式。例如，按照其接口划分，可以将无线网卡划分为 PCI 接口无线网卡、PCMCIA 接口无线网卡和 USB 无线网卡等几种。

💡 PCI 接口无线网卡：PCI 接口的无线网卡主要是针对台式电脑的 PCI 插槽而设计的。台式电脑可以通过安装无线网卡，接入到所覆盖的无线局域网中，实现无线上网。

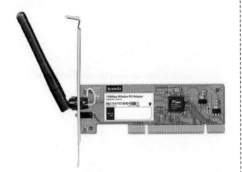

💡 PCMCIA 接口无线网卡：PCMCIA 无线网卡专门为笔记本电脑设计，将 PCMCIA 无线网卡插入到笔记本的 PCMCIA 接口后，用户即可使用笔记本电脑接入无线局域网。

💡 USB 接口无线网卡：USB 接口无线网卡采用 USB 接口与电脑连接，其具有即插即用、散热性强、传输速度快等优点。

8.6.3 无线上网卡

无线上网卡指的是无线广域网卡，连接到无线广域网，如中国移动 TD-SCDMA、中国电信的 CDMA2000、CDMA 1X 以及中国联通的 WCDMA 网络等。无线上网卡的作用、功能相当于有线的调制解调器 (Modem)。它可以在拥有无线电话信号覆盖的任何地方，利用 USIM 或 SIM 卡来连接到互联网上。

目前，无线上网卡主要应用在笔记本电脑和掌上电脑中，也有部分应用在台式电脑上，按其接口类型的不同，可以将其划分为以下几种类型。

💡 PCMCIA 接口无线上网卡：PCMCIA 类型接口的无线上网卡一般是笔记本等移动设备专用的，它受笔记本电脑的空间限制，体积远不可能像 PCI 接口网卡那么大。PCMCIA 总线分为两类，一类为 16 位的 PCMCIA，另一类为 32 位的 CardBus。

USB 接口无线上网卡：USB 的传输速率远远大于传统的并行口和串行口，设备安装简单并且支持热插拔。USB 接口的无线上网卡一旦接入，就能够立即被计算机读取，并装入任何所需要的驱动程序，而且不必重新启动系统就可立即投入使用。

CF(Compact Flash) 接口无线上网卡：CF 型无线上网卡主要应用于 PDA 等设备，其分为 Type I 和 Type II 两类，二者的规格和特性基本相同。

8.6.4 无线网络设备的选购

由于无线局域网具有众多优点，所以已经被广泛地应用。但是作为一种全新的无线局域网设备，多数用户相对较为陌生，在购买时会不知所措。下面将介绍选购无线网络设备时应注意的一些问题。

1 选择无线网络标准

用户在选购无线网络设备时，需要注意该设备所支持的标准。例如目前无线局域网设备支持较多的为 IEEE802.11b 和 IEEE802.11g 两种标准，也有设备单独支持 IEEE802.11a 或同时支持 IEEE802.11b 和 IEEE802.11g 等几种标准，这时就需要考虑到设备的兼容性问题。

2 网络连接功能

实际上，无线路由器即是具备宽带接入端口、具有路由功能、采用无线通信的普通路由器。而无线网卡则与普通网卡一样，只不过采用无线方式进行数据传输。因此，用户选购的宽带路由器应带有端口(4 个端口)，还提供 Internet 共享功能，且各方面比较适合于局域网连接，能够自动分配 IP 地址，也便于管理。

3 路由技术

用户在选购无线路由器时，应了解无线路由器所支持的技术。例如是否包含有 NAT 技术和具有 DHCP 功能等。此外，为了保证电脑上网安全，无线路由器还需要带有防火墙功能，可以防止黑客攻击，避免网络受病毒侵害。

4 数据传输距离

无线局域网的通信范围不受环境条件的限制，网络的传输范围大大拓宽，最大传输范围可以达到几十千米。在有线局域网中，两个站点的距离通过双绞线在 100 米以内，即使采用单模光纤也只能达到 3000 米，而无线局域网中两个站点间的距离目前可以达到 50 千米，相距数千米建筑物中的网络可以集成为同一个局域网。

8.7 常用的网络连接方式

要使用电脑上网首先要将电脑接入 Internet。目前，常见的 Internet 接入方式有 3 种，分别是 ADSL 接入、小区宽带接入和无线上网卡接入。

8.7.1 家庭宽带上网 (ASDL)

ADSL 是目前使用最多的网络接入方式，其通过电话线接入 Internet，但在上网的同时仍然可以使用电话，理论上最快可以达到 24Mb/s，但从目前的价格和普及程度看，还是 2Mb/s 和 4Mb/s 的 ADSL 网络比较多见。

【例8-1】在Windows 10中使用用户名和密码设置ADSL上网。〔▷视频〕

---

01 单击任务栏右下角的【网络】图标，在打开的列表中，选择【网络设置】选项。

02 打开【设置】窗口后，选择【拨号】选项，在显示的选项区域中单击【设置新连接】选项。

03 打开【设置连接或网络】对话框，选中【连接到Internet】选项后，单击【下一步】按钮。

04 在打开的对话框中，选择【设置新连接】选项。

05 在打开的【你希望如何连接？】对话框中选择【宽带 PPPoE】选项。

进阶技巧

如果创建的 PPPoE 拨号宽带连接创建成功，则可以创建一个快捷连接方式。用户在下次使用时只需从该连接方式登录即可，而不用每次都进行网络设置。

06 在打开的对话框中的【用户名】文本框中输入电信运营商提供的用户名,在【密码】文本框中输入提供的密码,然后单击【连接】按钮。

07 此时,系统开始连接到网络,连接成功后用户即可上网了。

8.7.2 小区宽带上网

随着现代城市建设的不断完善,能够实现接入网络功能的各种宽带接入技术得到了充分发展,许多小区提供了宽带上网的硬件设备。用户只需要使用网线将电脑与小区物业提供的网络接口相连,并在Windows 系统中设置一个宽带连接即可将电脑接入 Internet。

【例8-2】在Windows 10中设置小区宽带上网。

01 右击任务栏左侧的开始按钮 (或按下 Win+X 组合键),在打开的菜单中选择【控制面板】命令,打开【控制面板】对话框,选择【网络和 Internet 选项】选项。

02 在打开的【网络和 Internet】对话框中选择【网络和共享中心】选项。

03 打开【网络和共享中心】窗口,单击【设置新的连接或网络】选项。

04 接下来打开【设置连接或网络】窗口,重复【例 8-1】的操作,使用小区宽带用户名和密码即可创建宽带连接。

8.7.3 无线上网

无线上网是指使用无线连接登录互联网的上网方式。它使用无线电波作为数据传送的媒介,它以方便快捷的特性,深受广大商务人士的喜爱。

进阶技巧

为了防止他人盗用无线网络，大多数的家庭用户都会将无线路由设置接入密码；而有些场合则会提供免费的无线网络接入点，譬如茶社、咖啡厅等场所，这里的无线网络一般不会设置密码，用户可以自由免费地接入。

在电脑中安装无线网卡后 Windows 系统将会在任务栏右侧显示【无线】图标，单击该图标，在打开的列表中将显示

无线网卡搜索到的无线网络名称，选中属于自己的无线网络名称，单击【连接】按钮并输入相应的密码即可实现无线上网。

8.8　进阶实战

本章的进阶实战部分包括制作网线、绑定 MAC 地址和收藏与保存网页 3 个综合实例操作，用户通过练习从而巩固本章所学知识。

8.8.1　制作一根网线

下面将通过实例，介绍网线制作的具体操作方法。

【例8-3】使用双绞线、水晶头和剥线钳自制一根网线。

01 在开始制作网线之前，用户应准备必要的网线制作工具，包括剥线钳、简易打线刀和多功能螺丝刀。

02 将双绞线的一端放入剥线钳的剥线口中，并定位在距离顶端 20mm 的位置上。

03 压紧剥线钳后，用手将双绞线旋转 360 度，使剥线口中的刀片可以切开网线的灰色包裹层（注意不要切断包裹层内的颜色线）。

04 当剥线钳切开网线包裹层后，使用剥线钳夹住露出的颜色线，并用手拉动网线，切开颜色线外层的塑料层，露出其金属部分。

线序插入水晶头。

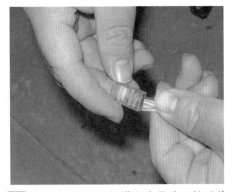

05 接下来，将双绞线中的8根不同颜色的线按照586A和586B的线序排列（可参考本章8.3节所介绍的线序）整理在一起。

07 检查网线是否都进入水晶头，然后将网线固定。

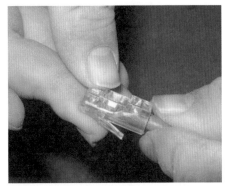

08 将水晶头放入剥线钳的压线槽后，用力挤压剥线钳钳柄。

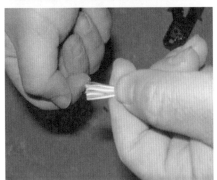

06 将水晶头背面8个金属压片面对自己，从左至右分别将网线按照步骤(5)所整理的

09 将水晶头上的铜片压至铜线内。

10 最后，使用相同的方法制作网线的另一头。完成后即可得到一根网线。

8.8.2 绑定 MAC 地址

MAC 地址就是在媒体接入层上使用的地址，也叫物理地址、硬件地址或链路地址，由网络设备制造商生产时写在硬件内部。为了防止 IP 地址冲突攻击，用户可以在路由器中绑定 MAC 地址和 IP 地址，使得除绑定的 IP 地址外，任何地址都无法接入当前局域网、从而防御 IP 冲突攻击。

【例8-4】绑定MAC地址，防御IP地址冲突攻击。

01 按【win+R】组合键，打开【运行】对话框，在【打开】文本框中输入"cmd"命令，单击【确定】按钮。

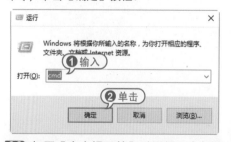

02 打开【命令提示符】对话框，在打开的【命令提示符】对话框中，输入"ipconfig /all"命令，按 Enter 键，记录本地 IP 地址和 MAC 地址。

03 进入路由器，选择【DHCP 服务器】|【静态地址分配】选项，单击【添加新条目】按钮。

04 打开【静态地址分配】对话框，在【MAC 地址】和【IP 地址】文本框中，输入相应内容，单击【保存】按钮。

05 返回【静态地址分配】对话框，即可看到新添加的 IP 地址过滤条目。

地址】文本框中输入IP地址,其他保持默认,单击【保存】按钮。

06 选择【安全设置】|【防火墙设置】选项,选中【开启防火墙(防火墙的总开关)】、【开启 IP 地址过滤】、【开启 MAC 地址过滤】复选框,选中【凡是不符合已设 IP 地址过滤规则的数据包,禁止通过本路由器】、【仅允许已设 MAC 地址列表中已启用的 MAC 地址访问 Internet】单选按钮,单击【保存】按钮。

07 选择【安全设置】|【IP 地址过滤】选项,单击【添加新条目】按钮。

08 打开【本页添加新的、或者修改旧的 IP 地址过滤规则】对话框,在【局域网 IP

09 返回【IP 地址过滤】对话框,即可看到新添加的 IP 地址过滤条目。

10 选择【安全设置】|【MAC 地址过滤】选项,单击【添加新条目】按钮。

11 打开【MAC 地址过滤】对话框,在【MAC 地址】和【IP 地址】文本框中输入相应内容,单击【保存】按钮。

12 返回【MAC 地址过滤】对话框, 即可看到新添加的 IP 地址过滤条目。重启路由器完成设置。

13 选中【开始】|【控制面板】|【网络和 Internet】|【网络和共享中心】选项,选择【更改适配器设置】选项。

14 在【网络连接】对话框中右击【以太网】选项,在打开的快捷菜单中选择【属性】命令。

15 打开【以太网 属性】对话框,选中【Internet 协议版本 4(TCP/IPv4)】复选框,单击【属性】按钮。

16 打开【Internet 协议版本 4(TCP/IPv4)属性】对话框,在【IP 地址】、【子网掩码】、【默认网关】、【首选 DNS 服务器】文本框中输入相应的内容,单击【确定】按钮。

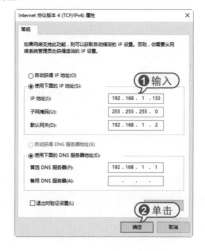

8.8.3 收藏与保存网页

　　用户在浏览网页时可能会遇到比较感兴趣的网页，这时用户可以将这些网页保存下来以方便以后查看。IE浏览器提供了强大的保存网页的功能，不仅可以保存整个网页，还可以保存其中的部分图形或超链接等。

1 收藏网页

　　用户在浏览网页时，可将需要的网页站点添加到收藏夹列表中。以后，用户就可以通过收藏夹来访问它，而不用担心忘记了该网站的网址。

【例8-5】 在Windows 10自带的Edge浏览器收藏网页。🎬 视频

01 在 Windows 10 系统中单击任务栏上的 Edge 图标 e，打开 Edge 浏览器后，通过在地址栏中输入网址，访问一个网页。

02 单击浏览器右上角的【添加到收藏夹】按钮 ☆，在打开的列表中单击【添加】按钮，即可收藏网页。

03 单击浏览器右上角的【收藏夹】按钮 ≡，在弹出的列表中即可查看收藏的网页。

04 当收藏夹中网页较多时，用户可以在收藏夹的根目录下创建几类文件夹，单击浏览器右上角的【收藏夹】按钮 ≡，在弹出的列表中右击鼠标，在弹出的菜单中选择【创建新的文件夹】命令。

05 在创建的文件夹名称栏中输入新的文件夹名称（例如"网页"）后，按下回车键即可创建一个新的收藏文件夹。

06 在收藏夹中成功创建文件夹后，在收藏网页时，单击【保存位置】按钮，可以在弹出的列表中选择网页的收藏位置。

2 保存网页

将浏览器中打开的网页保存在电脑硬盘中，用户可以方便地提取网页中的文本、图片等信息。

【例8-5】使用Edge浏览器将网页保存为PDF格式的文件。 ◎视频

01 使用 Edge 浏览器打开一个网页后，单击浏览器右上角的【更多】按钮…，在弹出的列表中选择【打印】选项。

02 在打开的对话框中单击【打印机】按钮，在弹出的列表中选择 Microsoft Print to PDF 选项，然后单击【打印】按钮。

03 打开【将打印输出另存为】对话框，选择网页文件的保存名称和路径后单击【保存】按钮即可。

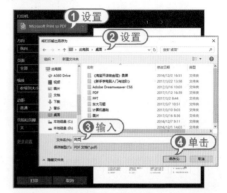

进阶技巧

网页被保存为 PDF 文件后，仍然可以使用 Edge 浏览器打开，其中的超链接将会全部失效，用户可以方便地提取文本和图片。

8.9 疑点解答

◑ 问：在使用电脑上网时，除了 IE 浏览器之外，还有哪些主流的浏览器值得推荐？

答： 现在的浏览器非常多，对于用户而言，还可以考虑下面几个浏览器。

🌓 Edge 浏览器：Microsoft Edge 浏览器是微软公司发布的一款不同于传统 IE 的浏览器。该浏览器相比 IE 浏览器交互界面更加简洁，并兼容现有 Chrome 与 Firefox 两大浏览器的扩展程序。目前已经在 Windows 10 系统中获得支持。

🌓 360 安全浏览器：该浏览器和 360 安全卫士、360 杀毒等软件都是 360 安全中心的系列软件产品。用户在电脑中安装了 360 软件后，可以通过该软件中提供的链接，下载并安装 360 浏览器。

🌓 搜狗浏览器：搜狗浏览器是一款能够给网络加速的浏览器，可明显提升公网教育网互访速度 2~5 倍，该浏览器可以通过防假死技术，使浏览器运行快捷流畅且不卡不死，具有自动网络收藏夹、独立播放网页视频、flash 游戏提取操作等多项特色功能，并且兼容大部分用户使用习惯，支持多标签浏览、鼠标手势、隐私保护、广告过滤等功能。

第9章

电脑的优化

在日常使用电脑的过程中，为了提高电脑的性能，使电脑时刻处于最佳工作状态，用户可以对操作系统的默认设置进行优化。还可以使用各种优化软件对电脑进行智能优化，使用户的电脑硬件和软件运行得更好。

对应光盘视频

例9-1 设置虚拟内存
例9-2 设置开机启动项
例9-3 清理卸载文件
例9-4 禁止保存搜索记录
例9-5 关闭自带的刻录功能
例9-6 关闭系统错误报告

例9-7 关闭系统休眠功能
例9-8 磁盘清理
例9-9 整理磁盘碎片
例9-10 优化磁盘内部读写速度
例9-11 优化磁盘外部传输速度
本章其他视频文件参见配套光盘

9.1 优化 Windows 系统

一般 Windows 操作系统安装采用的都是默认设置,其设置无法充分发挥电脑的性能。此时,对系统进行一定的优化设置,能够有效地提升电脑的性能。

9.1.1 设置虚拟内存

系统在运行时会先将所需的指令和数据从外部存储器调入内存,CPU 再从内存中读取指令或数据进行运算,将运算结果存储在内存中。在整个过程中,内存主要起着中转和传递的作用。

当用户运行的程序需要大量数据、占用大量内存时,物理内存就有可能会被"塞满",此时系统会将那些暂时不用的数据放到硬盘中,而这些数据所占的空间就是虚拟内存。简单地说,虚拟内存的作用就是当物理内存占用完时,电脑会自动调用硬盘来充当内存,以缓解物理内存的不足。Windows 操作系统正是采用虚拟内存机制扩充系统内存的,调整虚拟内存可以有效地提高大型程序的执行效率。

【例9-1】在Windows 10操作系统中设置虚拟内存。 视频

01 在桌面上右击【此电脑】图标,在打开的快捷菜单中选择【属性】命令。

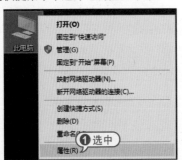

02 打开【系统】窗口,选择左侧的【高级系统设置】选项。

03 打开【系统属性】对话框,选择【高级】选项卡,在【性能】区域单击【设置】按钮。

04 打开【性能选项】对话框,选择【高级】选项卡,在【虚拟内存】区域单击【更改】按钮。

05 打开【虚拟内存】对话框,取消选中【自动管理所有驱动器的分页文件大小】复选框。在【驱动器】列表中选中【C 盘】

选项,选中【自定义大小】单选按钮,在【初始大小】文本框中输入 2000,在【最大值】文本框中输入 6000,单击【设置】按钮。完成分页文件大小的设置,然后单击【确定】按钮。

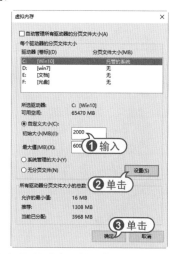

06 打开【系统属性】提示框,提示用户需要重新启动电脑才能使设置生效,单击【确定】按钮。

07 打开【必须重新启动计算机才能应用这些更改】提示框,单击【立即重新启动】按钮,重新启动电脑后即可使设置生效。

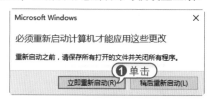

9.1.2 设置开机启动项

有些软件在安装完成后,会将自己的启动程序加入到开机启动项中,从而随着系统的自动启动而自动运行。这无疑会占用系统的资源,并影响到系统的启动速度。可以通过设置将不需要的开机启动项禁止。

【例9-2】禁止不需要的开机启动项。

视频

01 按【win+R】组合键,打开【运行】对话框,在【打开】文本框中输入 "msconfig" 命令,单击【确定】按钮。

02 打开【系统配置】对话框,选择【服务】选项卡,取消选中不需要开机启动的服务前方的复选框,单击【确定】按钮。

03 打开【系统配置】提示框,单击【重新启动】按钮,重新启动电脑后完成设置。

9.1.3 清理卸载文件

卸载某个程序后，该程序可能依然保留在【卸载或更改程序】对话框的列表中，用户可以通过修改注册表将其删除，从而实现对电脑的优化。

【例9-3】在注册表中清理【卸载或更改程序】对话框列表。 ▷视频▷

----

01 按【win+R】组合键，打开【运行】对话框，在【打开】文本框中输入"regedit"命令，单击【确定】按钮。

02 打开【注册表编辑器】窗口，在左侧的注册表列表框中，按顺序依次展开【HKEY_LOCAL_|SOFTWARE|Microsoft|Windows|CurrentVersion|Uninstall】选项。

03 在该选项下，用户可查看已删除程序的残留信息，然后将其删除即可。

9.2 关闭不需要的系统功能

Windows 10 系统在安装完成后，自动开启了许多功能。这些功能在一定程度上会占用系统的资源，如果不需要使用这些功能，可以将其关闭以节省系统资源，优化系统。

9.2.1 禁止保存搜索记录

Windows 10 搜索的历史记录会自动保存在搜索栏的下拉列表框中，用户可通过组策略禁止保存搜索记录以提高系统速度。

【例9-4】通过设置禁止保存搜索记录。 ▷视频▷

----

01 按【win+R】组合键，打开【运行】对话框，在【打开】文本框中输入"gpedit.

msc"命令，单击【确定】按钮。

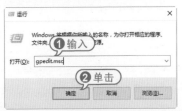

02 打开【本地组策略编辑器】窗口，依次展开【用户配置】|【管理模板】|【Windows组件】|【文件资源管理器】选项，在右侧

的列表中双击【在文件资源管理器搜索框中关闭最近搜索条目的显示】选项。

03 打开【在文件资源管理器搜索框中关闭最近搜索条目的显示】对话框，选择【已启用】单选按钮，然后单击【确定】按钮完成设置。

9.2.2 关闭自带的刻录功能

Windows 10 集成了刻录功能，不过它没有专业刻录软件那样强大。如果用户想使用第三方软件来刻录光盘，可以禁用Windows 10 的自带刻录功能。

【例9-5】关闭Windows 10系统自带的刻录功能。 视频

01 按【win+R】组合键，打开【运行】对话框，在【打开】文本框中输入"gpedit.msc"命令，单击【确定】按钮。

02 打开【本地组策略编辑器】窗口，依次展开【用户配置】|【管理模板】|【Windows组件】|【文件资源管理器】选项，在右侧的列表中双击【删除 CD 刻录功能】选项。

03 打开【删除 CD 刻录功能】对话框，选择【已启用】单选按钮，然后单击【确定】按钮完成设置。

9.2.3 关闭系统错误报告

Windows 10 系统在运行时如果出现异常，则会打开一个错误报告对话框，询问

是否将此错误提交给微软官方网站。用户可以通过组策略禁用这个错误报告弹窗，以提高系统速度。

【例9-6】关闭Windows 10系统错误报告。
⏵视频▸

01 按【win+R】组合键，打开【运行】对话框，在【打开】文本框中输入"gpedit.msc"命令，单击【确定】按钮。

02 打开【本地组策略编辑器】窗口，依次展开【计算机配置】|【管理模板】|【系统】|【Internet 通信管理】|【Internet 通信设置】选项，在右侧的列表中双击【关闭Windows 错误报告】选项。

03 打开【关闭 Windows 错误报告】对话框，选中【已启用】单选按钮，然后单击【确定】按钮完成设置。

9.2.4 关闭系统休眠功能

如果用户不想使用电脑的自动休眠功

能，可将其关闭。

【例9-7】关闭Windows 10系统的休眠功能。⏵视频▸

01 右击【开始】按钮，选择【控制面板】命令。

02 打开【控制面板】窗口。在【控制面板】窗口中选择【电源选项】图标。

03 打开【电源选项】窗口，然后选择窗口左侧的【更改计算机睡眠时间】选项。

04 打开【更改计划的设置 - 平衡】窗口，单击【使计算机进入睡眠状态】扩展按钮，选择【从不】选项，单击【保持修改】按钮。

9.3 优化电脑磁盘

电脑磁盘是使用最频繁的硬件之一，磁盘的外部传输速度和内部读写速度决定了硬盘的读写性，优化磁盘速度和清理磁盘可以在很大程度上延长电脑的使用寿命。

9.3.1 磁盘清理

由于各种应用程序的安装与卸载以及软件的运行，系统会产生一些垃圾冗余文件，这些文件会直接影响电脑的性能。磁盘清理程序是系统自带的用于清理磁盘冗余内容的工具。

【例9-8】清理E盘中的冗余文件。 视频

01 选择【开始】|【Windows 管理工具】|【磁盘清理】选项。

02 打开【磁盘清理: 驱动器选择】对话框，在【驱动器】下拉列表中选择【E】盘，单击【确定】按钮。

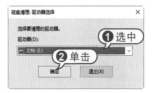

03 分析完成后，在对话框中将显示分析结果。选中所需删除的内容对应的复选框，选中【回收站】复选框，然后单击【确定】按钮。

04 打开【确定要永久删除这些文件吗？】提示框，单击【删除文件】按钮。

05 此时系统即可自动进行磁盘清理的操作。

9.3.2 整理磁盘碎片

电脑在使用过程中会有很多文件操作，比如进行创建、删除文件或者安装、卸载软件等操作时，会在硬盘内部产生很多磁盘碎片。碎片的存在会影响系统往硬盘写入或读取数据的速度。而且由于写入和读取数据不在连续的磁道上，也加快了磁头和盘片的磨损速度。定期清理磁盘碎片，对硬盘保护有很大的实际意义。

【例9-9】整理磁盘碎片。 ◎视频▶

01 选择【开始】|【Windows 管理工具】|【碎片整理和优化驱动器】选项。

02 打开【优化驱动器】对话框，选中要整理碎片的磁盘后，单击【优化】按钮。

03 系统开始对该磁盘进行分析并显示分析进度。

04 分析完成后，系统将对磁盘碎片进行整理。

9.3.3 优化磁盘内部读写速度

优化电脑硬盘的外部传输速度和内部读写速度，能有效地提升硬盘读写性能。

硬盘的内部读写速度是指从盘片上读取数据，然后存储在缓存中的速度，是评价硬盘整体性能的决定性因素。

【例9-10】优化硬盘内部读写速度。 ◎视频▶

01 在桌面上右击【此电脑】图标，在打开的快捷菜单中选择【属性】命令。

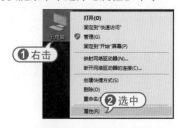

02 打开【系统】窗口，选择【设备管理器】选项。

03 打开【设备管理器】窗口，在【磁盘驱动器】选项下展开当前硬盘选项并右击，在打开的快捷菜单中选择【属性】命令。

04 打开磁盘的【属性】对话框，选择【策略】选项卡，选中【启用磁盘上的写入缓存】复选框，然后单击【确定】按钮，完成设置。

9.3.4 优化磁盘外部传输速度

硬盘的外部传输速度是指硬盘的接口速度。通过修改硬盘属性信息，可以优化磁盘外部数据传输速度。

【例9-11】优化硬盘外部传输速度。 视频

01 在桌面上右击【此电脑】图标，在打开的快捷菜单中选择【属性】命令。

02 打开【系统】窗口，选择【设备管理器】选项。

03 打开【设备管理器】窗口，展开【IDE ATA/ATAPI 控制器】列表，再右击【ATA Channel 0】选项，在打开的快捷菜单中选择【属性】命令。

04 在打开的【属性】对话框中，选择【高级设置】选项卡，选中【启用 DMA】复选框，然后单击【确定】按钮完成设置。

9.3.5 降低系统分区负担

随着电脑使用时间的增加，系统分区中的文件将会逐渐增多，因为电脑在使用过程中会产生一些临时文件(例如 IE 临时文件等)、垃圾文件以及用户存储的文件等。这些文件的增多将会导致系统分区的可用空间变小，影响系统的性能，因此应为系统分区"减负"。

1 更改【文档】路径

默认情况下，【文档】文件夹的系统默认存放路径是在 C:\Users 目录，对于习惯使用【文档】来存储资料的用户，【文档】文件夹必然会占据大量的磁盘空间。用户可以修改【文档】文件夹的默认路径，将其转移到非系统分区中。

- ▶

【例9-12】修改【文档】文件夹的路径。
🔖 视频 ▶

◀ -

01 打开【此电脑】窗口。右击【文档】文件夹，在打开的快捷菜单中选择【属性】命令。

02 打开【文档 属性】对话框，切换至【位置】选项卡，单击【移动】按钮。

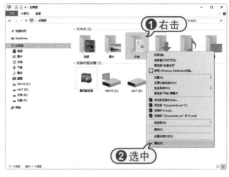

03 打开【选择一个目标】对话框，在该对话框中可为【文档】文件夹选择一个新的位置，选择【F:\ 文档】文件夹。选择完成后，单击【选择文件夹】按钮，返回至【文档 属性】对话框，再次单击【确定】按钮。

04 打开【移动文件夹】对话框，提示用户是否将原先【文档】中的所有文件移到新的文件夹中，直接单击【是】按钮。

05 系统开始进行移动文件的操作，移动完成后，即可完成对【文档】文件夹路径的修改。

2 移动 IE 临时文件夹

默认情况下，IE 临时文件夹也是存放在 C 盘中的。为了保证系统分区的空间容量，可以将 IE 临时文件夹也转移到其他分区中去。

【例9-13】修改IE临时文件夹的路径。

🎬视频▶

01 打开 IE 浏览器，单击【工具】按钮，选择【Internet 选项】命令。

02 打开【Internet 选项】对话框，在打开的对话框中单击【设置】按钮，打开【网站数据设置】对话框，单击【移动文件夹】按钮。

03 打开【浏览文件夹】对话框，在该对话框中选择【本地磁盘 (F:)】，单击【确定】按钮。

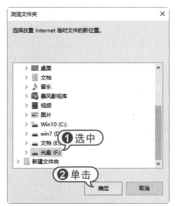

04 返回至【网站数据设置】对话框，可以看到 IE 临时文件夹的位置已更改，单击【确定】按钮。

05 打开【注销】对话框，提示用户要重启电脑才能使更改生效，直接单击【是】按钮，重新启动电脑后即可完成设置。

② 打开【设置】窗口，选择【开始】选项，关闭【显示最常用的应用】选项。

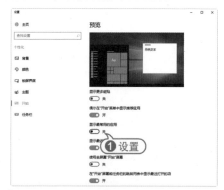

3 清理文档使用记录

在使用电脑时，系统会自动记录用户最近使用过的文档，电脑使用的时间越长，这些文档记录就越多，势必占用大量的磁盘空间，因此用户应该定期对这些记录进行清理，以释放更多的磁盘空间。

【例9-14】清理文档使用记录。 ▶视频▶

① 右击桌面空白处，在打开的快捷菜单中选择【个性化】命令。

③ 即可将【开始】菜单中的浏览历史记录清除。

9.4 系统优化软件

系统优化软件具有方便、快捷的优点，可以帮助用户优化系统与保持安全环境。本节介绍几款系统优化软件，让用户了解它们的使用方法。

9.4.1 ◀ Wise Disk Cleaner

Wise Disk Cleaner 是一个界面友好，功能强大，操作简单快捷的垃圾及痕迹清理工具，通过系统瘦身释放大量系统盘空间，并提供磁盘整理工具。它能识别多达50种垃圾文件，可以让用户轻松地把垃圾文件从电脑磁盘上清除。支持自定义文件

类型清理，最大限度释放磁盘空间。

1 常规清理

启动 Wise Disk Cleaner 软件，打开工具软件主界面，选择【常规清理】选项，单击【Windows 系统】左边的扩展按钮，展开【Windows 系统】选项并选择可清理的选项。

分别单击【上网冲浪】和【其他应用程序】扩展按钮，选择可清理的选项。再选择【计算机中的痕迹】选项下的其他需要清理的选项，单击【开始扫描】按钮，进行清理项扫描。

扫描结束后，单击【开始清理】按钮，即可清理选择的对象。并且在【开始清理】按钮这一行，用户可以看到已经发现的垃圾文件数量、占用磁盘容量大小等内容。

2 计划任务

在窗口右侧的【计划任务】工具栏中，单击【ON】按钮，启动【计划任务】选项。

启动计划任务后，如果选择【包含高级清理】复选框，可以对系统进行全面的清理。计划任务包括运行类型、指定日期和设置时间 3 个选项。

💡 运行类型：单击该选项右边的下拉按钮，在打开的下拉列表中将显示每天、每周、每月和空闲时 4 个选项，用户可根据需要进行选择。

💡 指定日期：单击该选项右边的下拉按钮，在打开的下拉列表中将显示一周的时间选项，用户可根据需要进行选择。

设置时间：单击该选项右边的上、下按钮，用户可根据需要进行时间的设置。

3 高级清理

在该软件工具中，可以选择【高级清理】选项，在【扫描位置】选项中选择盘符后，单击【开始扫描】按钮，进行磁盘扫描。

扫描结束后，若确认扫描文件为清除文件，即可单击【开始清理】按钮，进行磁盘清理。

4 系统瘦身

该软件还可以对系统进行瘦身操作，主要包括清除 Windows 更新补丁的卸载文件、安装程序产生的文件和不需要的示例音乐等功能。例如，选择【系统瘦身】选项，在【项目】下拉列表中选择需要清理的选项的复选框，单击【一键瘦身】按钮对选择的项目进行清理。

9.4.2 Wise Registry Cleaner

注册表记载了 Windows 运行时软件和硬件的不同状态信息。软件反复安装或卸载的过程中，注册表内会积聚大量的垃圾信息文件，从而造成系统运行速度缓慢或部分文件遭到破坏。

Wise Registry Cleaner 是一款免费的注册表清理工具，可以安全快速地扫描。该软件具有以下各种特点。

- 扫描速度快。
- 易学易用。
- 支持注册表备份或还原。
- 修复注册表错误和整理注册表碎片。

1 注册表清理

启动 Wise Registry Cleaner 软件，在打开的【注册表清理】选项窗口中，显示了各种需要清理的无效文件或插件选项。单击左下角的【自定义设置】按钮，打开【自定义设置】对话框。

在打开的【自定义设置】对话框中，用户可以选择不需要清除的选项，单击【确定】按钮即可返回到【注册表清理】窗口。

确定需要清理的选项后，单击【开始清理】按钮，开始进行清理。

2 系统优化

Wise Registry Cleaner 工具也有系统优化的功能，通过使用该功能可以加快开 / 关机速度、系统运行速度，提高系统稳定性和网络访问速度。

选择【系统优化】选项，单击右下角

的【系统默认】按钮，该工具将显示出所有优化项目。

单击【一键优化】按钮，进行系统优化，进入【系统优化】界面后，对于未优化过的系统，该工具将提示用户进行优化。

3 注册表整理

选择【注册表整理】选项，在打开的注册表整理窗口中显示在整理过程中需要注意的事项。

单击【开始分析】按钮，打开【注册表分析】对话框，软件进行注册表分析。

注册表分析完毕后，单击【开始整理】按钮，打开提示框，单击【是】按钮。

9.4.3 使用 360 安全卫士

360 安全卫士是一款由奇虎 360 公司推出的功能强、效果好、受用户欢迎的安全杀毒软件。360 安全卫士拥有查杀木马、清理插件、修复漏洞、电脑体检、电脑救援、保护隐私、清理垃圾、清理痕迹等多种功能，并独创了"木马防火墙"、"360 密盘"等功能，依靠抢先侦测和云端鉴别，可全面、智能地拦截各类木马，保护用户的账号、隐私等重要信息。下面主要介绍如何使用 360 安全卫士优化电脑。

1 优化加速

360 安全卫士的优化加速功能可以提升开机速度、系统速度、上网速度和硬盘速度。

【例9-15】使用360安全卫士优化加速系统。 ⑤视频▶

01 启动【360 安全卫士】程序，打开【360 安全卫士】窗口，选择【优化加速】选项。

02 打开【优化加速】对话框，单击【全面加速】按钮。

03 软件开始扫描需要优化的程序，扫描完成后显示可优化项，单击【立即优化】按钮。

04 打开【一键优化提醒】对话框，选择需要优化的选项对应的复选框，如需要全部优化，单击【全选】按钮，单击【确认优化】按钮。

05 对所有选项优化完成后，即可提示优化的项目及优化提示效果。单击【运行加速】按钮。

06 打开【360加速球】对话框，可快速对应用程序、上网管理、电脑清理等进行管理。

2 系统盘瘦身

如果系统盘可用空间太小，则会影响系统的正常运行，本节主要介绍使用360安全卫士的【系统盘瘦身】功能，释放系统盘空间。

【例9-16】使用360安全卫士释放系统盘空间。 视频

---

01 启动【360安全卫士】程序，打开【360安全卫士】窗口，选择右下角的【更多】选项。

02 打开【全部工具】对话框，选择【系统工具】选项，将鼠标移至【系统盘瘦身】图标，单击显示的【添加】按钮。

03 工具添加完成后，打开【系统盘瘦身】对话框，单击【立即瘦身】按钮，即可进行优化。

重启】按钮重启电脑。

① 单击

04 完成后，即可看到释放的磁盘空间。提示需要重启电脑才能生效，单击【立即

9.5 进阶实战

　　本章的进阶实战部分介绍使用 Advanced SystemCare 软件优化系统的综合实例操作，用户通过练习从而巩固本章所学知识。

　　Advanced SystemCare 是一款能够分析系统性能瓶颈的优化软件。它通过对系统全方位的诊断，找到系统性能的瓶颈所在，然后有针对性地进行修改、优化。优化后的系统性能和网络速度都会有明显提升。

【例9-16】 使用Advanced System Care软件优化电脑系统。 视频

01 启动 Advanced SystemCare 软件后，单击界面右上方的【更多设置】按钮，在打开的菜单中选中【设置】选项。

02 在打开的【设置】对话框中选中【系

统优化】选项。

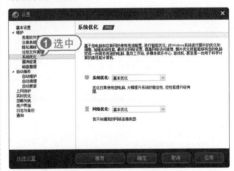

① 选中

03 在【系统优化】选项区域单击【系统优化】下拉列表按钮，在打开的下拉列表中选择系统优化类型。单击【确定】按钮，返回软件主界面。

① 选中

04 在该界面上选中【系统优化】复选框，单击 SCAN 按钮。

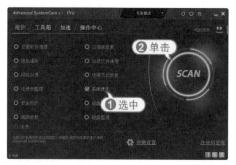

05 此时，Advanced SystemCare 软件将自动搜索系统的可优化项，并显示在打开的界面中，单击【修复】按钮。

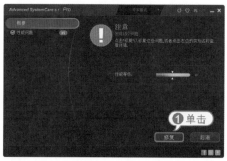

06 Advanced SystemCare 软件开始优化系统，完成后单击【后退】按钮。

07 返回 Advanced SystemCare 主界面。选择【加速】选项，开始设置优化与提速。

08 在打开的界面中，用户可以选择系统的优化提速模式，包括"工作模式"和"游戏模式"两种。选中【工作模式】单选按钮后，单击【前进】按钮。

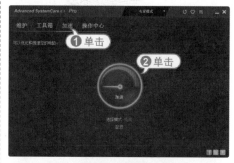

09 打开【关闭不必要的服务】选项区域，设置需要关闭的系统服务后，单击【前进】按钮。

10 打开【关闭不必要的非系统服务】选项区域，设置需要关闭的非系统服务后，单击【前进】按钮。

11 打开【关闭不必要的后台程序】选项区域，选择需要关闭的后台程序后，单击【前进】按钮。

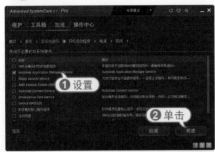

12 打开【选择电源计划】选项区域，用户可以根据需要选择是否激活 Advanced SystemCare 电源计划。单击【前进】按钮，完成系统的优化提速设置。

13 最后，单击【完成】按钮，Advanced SystemCare 软件将自动执行系统优化和提速设置。

9.6 疑点解答

问：如何更改系统维护的时间？

答：Windows10 系统的"自动维护"功能，可以根据设置计划在用户未使用电脑时自动运行预定的维护任务，包括软件更新、安全扫描、系统诊断等。

右击桌面上的【此电脑】图标，在打开的菜单中选择【属性】命令，打开【系统】窗口，选择【安全和维护】选项。

打开【安全和维护】窗口，单击【更改维护设置】选项，在打开的对话框中设置每日运行维护任务的时间后，单击【确定】按钮即可。

第10章

电脑的日常维护

我们在使用电脑的过程中，若能养成良好的使用习惯并能对电脑进行定期维护，不但可以大大延长电脑硬件的工作寿命，还能提高电脑的运行效率，降低电脑发生故障的几率。本章将详细介绍电脑安全与维护方面的常用操作。

对应光盘视频

10.1 电脑维护的基础知识

在介绍维护电脑的方法前，用户应先掌握一些电脑维护基础知识，包括电脑的使用环境、养成良好的电脑使用习惯等。

10.1.1 电脑的使用环境

要想使电脑保持健康，首先应该在一个良好的使用环境下操作电脑。有关电脑的使用环境，需要注意的事项有以下几点：

> 环境温度：电脑正常运行的理想环境温度是 5℃~35℃，其安放位置最好远离热源并避免阳光直射。

> 环境湿度：最适宜的湿度是 30%~80%，湿度太高可能会使电脑受潮而引起内部短路、烧毁硬件；湿度太低，则容易产生静电。

> 清洁的环境：电脑要放在一个比较清洁的环境中，以免大量的灰尘进入电脑而引起故障。

> 远离磁场干扰：强磁场会对电脑的性能产生很坏的影响，例如导致硬盘数据丢失、显示器产生花斑和抖动等。强磁场干扰主要来自一些大功率电器和音响设备等，因此，电脑要尽量远离这些设备。

> 电源电压：电脑的正常运行需要一个稳定的电压，如果家里电压不够稳定，一定要使用带有保险丝的插座，或者为电脑配置 UPS 电源。

10.1.2 电脑的使用习惯

在日常的工作中，正确使用电脑，并养成好习惯，可以使电脑的使用寿命更长，运行状态更加稳定。关于正确的电脑使用习惯主要有以下几点：

> 电脑的大多数故障都是软件的问题，而电脑病毒又是经常造成软件故障的原因。因此，在日常使用电脑的过程中，做好防范电脑病毒的查毒工作十分必要。

> 避免频繁开关电脑，因为给电脑组件供电的电源是开关电源，要求至少要关闭电源半分钟后才可再次开启电源。若市电供电线路电压不稳定，或者供电线路接触不良，则可以考虑配置 UPS 或净化电源，以免造成电脑组件的迅速老化或损坏。

> 电脑与音响设备连接时，还要注意防磁。电脑的供电电源要与其他电器分开，避免与其他电器共用一条电源插板线，且信号线要与电源线分开连接，不要相互交错或缠绕在一起。

在电脑插拔连接时，或在连接打印机、扫描仪、Modem、音响等外设时，应先确保关断电源以免引起主机或外设的硬件烧毁。

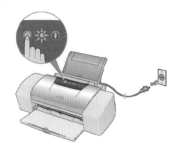

定期清洁电脑（包括显示器、键盘、鼠标以及机箱散热器等），使电脑经常处于良好的工作状态。

10.2 维护电脑硬件设备

对电脑硬件部分的维护是整个维护工作的重点。用户在对电脑硬件的维护过程中，除了要检查硬件的连接状态以外，还应注意保持各部分硬件的清洁。

10.2.1 硬件维护注意事项

在维护电脑硬件的过程中，用户应注意以下事项：

有些原装和品牌电脑不允许用户自己打开机箱，如擅自打开机箱可能会失去一些由厂商提供的保修权利，用户应特别注意。

各部件要轻拿、轻放，尤其是硬盘，防止损坏零件。

拆卸时要注意各插接线的方位，如硬盘线、电源线等，以便正确还原。

由于电脑板卡上的集成电路器件多采用 MOS 技术制造，这种半导体器件对静电高压相当敏感。当带静电的人或物触及这些器件后，就会产生静电释放，而释放的静电高压将损坏这些器件，因此维护电脑时要特别注意静电防护。

用螺丝固定各部件时，应先对准部件的位置，然后再上紧螺丝。尤其是主板，略有位置偏差就可能导致插卡接触不良；主板安装不平将可能导致内存条、适配卡接触不良甚至造成短路，时间一长甚至可能发生形变，从而导致故障发生。

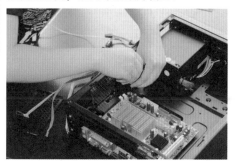

在拆卸电脑之前还必须注意以下事项：

▶ 断开所有电源。

▶ 在打开机箱之前，双手应该触摸一下地面或墙壁，释放身上的静电。拿主板和插卡时，应尽量拿卡的边缘，不要用手接触板卡的集成电路。

▶ 不要穿容易与地板、地毯摩擦产生静电的胶鞋在各类地毯上行走。脚穿金属鞋能很好地释放身上的静电，而有条件的工作场所应采用防静电地板。

10.2.2 ◀ 维护主要硬件设备

电脑最主要的硬件设备除了显示器、鼠标与键盘外，几乎都存放在机箱中。

本节就详细介绍维护电脑主要硬件设备的方法与注意事项。

1 维护与保养 CPU

电脑内部绝大部分数据的处理和运算都是通过 CPU 处理的，因此 CPU 的发热量很大，对 CPU 的维护和保养主要是做好相应的散热工作。具体如下。

▶ 若 CPU 采用水冷式散热器，在日常使用过程中，还需要注意观察水冷设备的工作情况，包括水冷头、水管和散热器等。

▶ 当发现 CPU 的温度一直过高时，就需要在 CPU 表面重新涂抹 CPU 导热硅脂。重新涂散热硅脂时，要把残留的旧硅脂擦干净，然后再涂上新的导热硅脂。

▶ CPU 散热性能的高低关键在于散热风扇与导热硅脂工作的好坏。若采用风冷式 CPU 散热，为了保证 CPU 的散热能力，应定期清理 CPU 散热风扇上的灰尘。

2 维护与保养硬盘

随着硬盘技术的改进，其可靠性已大大提高，但如果不注意使用方法，也会引起故障。因此，对硬盘进行维护十分必要，具体如下：

▶ 环境的温度和清洁条件：由于硬盘的主轴电机是高速运转的部件，再加上硬盘是密封的，因此周围温度如果太高，热量散不出来，就会导致硬盘产生故障；但如果温度太低，又会影响硬盘的读写效果。因此，硬盘工作的温度最好是在 20℃~30℃范围内。

▶ 防静电：硬盘电路中有些大规模集成电路是使用 MOS 工艺制成的，MOS 电路对静电特别敏感，易受静电感应而被击穿损坏，因此要注意防静电问题。由于人体常带静电，在安装或拆卸、维修硬盘时，不要用手触摸印制板上的焊点。当需要拆卸硬盘以便存储或运输时，一定要将其装入抗静电塑料袋中。

▶ 经常备份数据：由于硬盘中保存了很多重要的数据，因此要对硬盘上的数据进行保护。每隔一定时间对重要数据做一次备份，备份硬盘系统信息区以及 CMOS 设置。

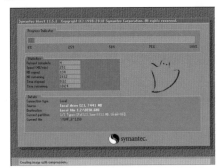

▶ 防磁场干扰：硬盘通过对盘片表面的磁层进行磁化来记录数据信息，如果硬盘靠近强磁场，将有可能破坏磁记录，导致所记录的数据遭受破坏。因此必须注意防磁，以免丢失重要数据。在防磁的方法中，主要是不要靠近音箱、喇叭、电视机这类带有强磁场的物体。

▶ 碎片整理，预防病毒：定期对硬盘文件碎片进行重整；利用版本较新的杀毒软件对硬盘进行定期的病毒检测；从外来 U 盘上将信息复制到硬盘时，应先对 U 盘进行病毒检查，防止硬盘感染病毒。

电脑中的主要数据都保存在硬盘中，硬盘一旦损坏，会给用户造成很大的损失。硬盘安装在机箱的内部，一般不会随意移动，在拆卸时要注意以下几点：

▶ 在拆卸硬盘时，尽量在正常关机并等待磁盘停止转动后（听到硬盘的声音逐渐变小并消失）进行拆卸。

▶ 在移动硬盘时，应用手捏住硬盘的两侧，尽量避免手与硬盘背面的电路板直接接触。注意轻拿、轻放，不要磕碰或与其他坚硬物体相撞。

▶ 硬盘内部的结构比较脆弱，应避免擅自拆卸硬盘的外壳。

3 维护与保养光驱

光驱是电脑的读写设备，对光驱保养应注意以下几点：

光驱的主要作用是读取光盘，因此要提高光驱的寿命，首先需要注意的是光盘的选择。尽量不要使用盗版或质量差的光盘，如果盘片质量差，激光头就需要多次重复读取数据，从而使其工作时间加长，加快激光头的磨损，进而缩短光驱寿命。

光驱在使用过程中应保持水平放置，不能倾斜放置。

在使用完光驱后应立即关闭仓门，防止灰尘进入。

关闭光驱时应使用光驱前面板上的开关盒按键，切不可用手直接将其推入盘盒，以免损坏光驱的传动齿轮。

放置光盘时不要用手捏住光盘的反光面移动光盘，指纹有时会导致光驱的读写发生错误。

光盘不用时将其从光驱中取出，否则会导致光驱负荷很重，缩短使用寿命。

尽量避免直接用光驱播放光碟，这样会大大加速激光头的老化，可将光碟中的内容复制到硬盘中进行播放。

4 维护与保养各类适配卡

系统主板和各类适配卡是机箱内部的重要配件，例如内存、显卡、网卡等。这些配件由于都是电子元件，没有机械设备，因此在使用过程中几乎不存在机械磨损，维护起来也相对简单。适配卡的维护主要有下面几项工作：

如果使用时间比较长，扩展卡的接头会因为与空气接触而产生氧化，这时候需要把扩展卡拆下来，然后用软橡皮轻轻擦拭接头部位，将氧化物去除。在擦拭时应当非常小心，不要损坏接头部位。

只有完全插入正确的插槽中，才不会造成接触不良。如果扩展卡固定不牢（比如与机箱固定的螺丝松动），使用电脑的过程中碰撞了机箱，就有可能造成扩展卡故障。出现这种问题后，只要打开机箱，重新安装一遍就可以解决问题。有时扩展卡的接触不良是因为插槽内积有过多灰尘，这时需要把扩展卡拆下来，然后用软毛刷擦掉插槽内的灰尘，重新安装即可。

▶ 使用过程中有时会出现主板上的插槽松动的情况，造成扩展卡接触不良，这时候可以将扩展卡更换到其他同类型插槽上，就可以继续使用。这种情况一般较少出现，也可以找经销商进行主板维修。

▶ 在主板的维护工作中，如果每次开机都发现时间不正确，调整以后下次开机还不准，就说明主板的电池快没电了，这时就需要更换主板的电池。如果不及时更换主板电池，电池电量全部用完后，CMOS 信息就会丢失。更换主板电池的方法比较简单，只要找到电池的位置，用一块新的纽扣电池更换原来的电池即可。

5 维护与保养显示器

显示器是比较容易损耗的器件，在使用时要注意以下几点：

▶ 避免屏幕内部烧坏：如果长时间不用，一定要关闭显示器，或者降低显示器的亮度，避免导致内部部件烧坏或老化。这种损坏一旦发生就是永久性的，无法挽回。

▶ 注意防潮：长时间不用显示器，可以定期通电工作一段时间，让显示器工作时产生的热量将机内的潮气蒸发掉。另外，不要让任何湿气进入显示器。发现有雾气，要用软布将其轻轻地擦去，然后才能打开电源。

▶ 正确清洁显示器屏幕：如果发现显示屏表面有污迹，可使用清洁液（或清水）喷洒在显示器表面，然后用软布轻轻地将其擦去。

避免冲击屏幕：LCD 屏幕十分脆弱，所以要避免强烈的冲击和振动。还要注意不要对 LCD 显示器表面施加压力。

切勿拆卸：用户尽量不要拆卸 LCD。即使在关闭了很长时间以后，背景照明组件中的 CFL 换流器依旧可能带有大约 1000V 的高压，会导致严重的人身伤害。

6 维护与保养键盘

键盘是电脑最基本的部件之一，因此其使用频率较高。按键用力过大、金属物掉入键盘以及茶水等溅入键盘内，都会造成键盘内部微型开关弹片变形或被灰尘油污锈蚀，出现按键不灵的现象。键盘的日常维护主要从以下几个方面考虑：

电容式键盘因其特殊的结构，易出现电脑在开机时自检正常，但其纵向、横向多个键同时不起作用，或局部多键同时失灵的故障。此时，应拆开键盘外壳，仔细观察失灵按键是否在同一行（或列）电路上。若是，且印制线路又无断裂，则是连接的金属线条接触不良所致。拆开键盘内电路板及薄膜基片，把两者连接的金属印制线条擦干净，之后将两者吻合好，装好压条，压紧即可。

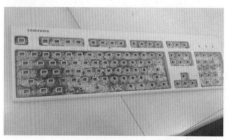

机械式键盘按键失灵，大多是金属触点接触不良，或因弹簧弹性减弱而出现故障。应重点检查键盘的金属触点和内部触点弹簧。

键盘内过多的尘土会妨碍电路正常工作，有时甚至会造成误操作。键盘的维护主要就是定期清洁表面的污垢，一般清洁可以用柔软干净的湿布或清洁泥擦拭键盘；对于顽固的污垢，可以先用中性的清洁剂擦除，再用湿布对其进行擦洗。

大多数键盘没有防水装置，一旦有液体流入，就会使键盘受到损害，造成接触不良、腐蚀电路和短路等故障。当大量液体进入键盘时，应当尽快关机，将键盘接口拔下，打开键盘，用干净吸水的软布擦干内部的积水，最后在通风处自然晾干即可。

大多数主板都提供了键盘开机功能。要正确使用这一功能，自己组装电脑时必须选用工作电流大的电源和工作电流小的键盘，否则容易导致故障。

7 维护与保养鼠标

鼠标的维护是电脑外部设备维护工作中最常做的工作，使用光电鼠标时，要特别注意保持感光板的清洁和感光状态良好，避免污垢附着在发光二极管或光敏三极管上，遮挡光线的接收。此外，鼠标能够灵活操作的一个条件是鼠标具有一定的悬垂度。长期使用后，随着鼠标底座四角上的小垫层被磨低，导致鼠标的悬垂度随之降低，鼠标的灵活性会有所下降。这时将鼠标底座角垫高一些，通常就能解决问题。垫高的材料可以用办公常用的透明胶纸等，一层不行可以垫两层或更多层，直到感觉鼠标已经完全恢复灵活性为止。

8 维护与保养电源

电源是一个容易被忽略但却非常重要的设备，它负责供应整台电脑所需的能量，一旦电源出现问题，整个系统就会瘫痪。电源的日常保养与维护主要就是除尘，使用吹气球一类的辅助工具从电源后部的散热口清理电源的内部灰尘。为了防止因为突然断电对电脑电源造成损伤，还可以为电源配置UPS(不间断电源)。这样即使断电，通过UPS供电，用户仍可正常关闭电脑电源。

10.2.3 维护电脑常用外设

随着电脑技术的不断发展，电脑的外接设备也越来越丰富，常用的外接设备包括打印机、U盘以及移动硬盘等。本节将介绍如何保养与维护这些电脑外接设备。

1 维护与保养打印机

在打印机的使用过程中，经常对打印机进行维护，可以延长打印机的使用寿命，提高打印机的打印质量。对于针式打印机的保养与维护，应注意以下几个方面的问题：

❷ 打印机必须放在平稳、干净、防潮、无酸碱腐蚀的工作环境中，并且应远离热源、震源和日光的直接照晒。

❷ 保持清洁，定期用小刷子或吸尘器清扫打印机内的灰尘和纸屑，经常用在稀释的中性洗涤剂中浸泡过的软布擦拭打印机机壳，以保证良好的清洁度。

❷ 在加电情况下，不要插拔打印机的电缆，以免烧坏打印机与主机接口元件。插拔前一定要关掉主机和打印机电源。

❷ 正确使用操作面板上的进纸、退纸、跳行、跳页等按钮，尽量不要用手旋转手柄。

❷ 经常检查打印机的机械部分有无螺钉松动或脱落，检查打印机的电源和接口连接线有无接触不良的现象。

❷ 电源线要有良好的接地装置，以防静电积累和雷击烧坏打印通信口等。

❷ 应选择高质量的色带。色带是由带基和油墨制成的，高质量色带的带基没有明显的接痕，其连接处是用超声波焊接工艺处理过的，油墨均匀；而低质量色

带的带基则有明显的双层接头, 油墨质量很差。

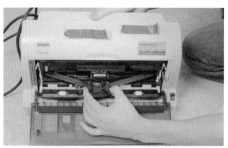

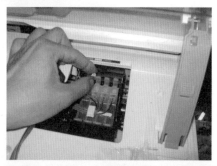

> 应尽量减少打印机空转, 最好在需要打印时才打开打印机。

> 要尽量避免打印蜡纸。因为蜡纸上的石蜡会与打印胶辊上的橡胶发生化学反应, 使橡胶膨胀变形。

目前使用最为普遍的打印机类型为喷墨打印机与激光打印机两种。其中喷墨打印机的日常维护主要有以下几方面内容:

> 内部除尘: 喷墨打印机内部除尘时应注意不要擦拭齿轮, 不要擦拭打印头和墨盒附近的区域; 一般情况下不要移动打印头, 特别是有些打印机的打印头处于机械锁定状态, 用手无法移动打印头, 如果强行用力移动打印头, 将造成打印机机械部分损坏; 不能用纸制品清洁打印机内部, 以免打印机内残留纸屑; 不能使用挥发性液体清洁打印机, 以免损坏打印机表面。

> 更换墨盒: 更换墨盒时应注意不能用手触摸墨盒出口处, 以防杂质混入墨盒。

> 清洗打印头: 大多数喷墨打印机开机即会自动清洗打印头, 并设有按钮对打印头进行清洗, 具体清洗操作可参照喷墨打印机操作手册上的步骤进行。

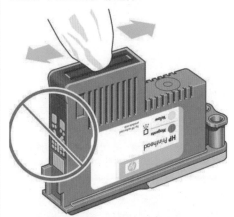

激光打印机也需要定期清洁维护, 特别是在打印纸张上沾有残余墨粉时, 必须清洁打印机内部。如果长期不对打印机进行维护, 则会使机内污染严重, 比如电晕电极吸附残留墨粉、光学部件脏污、输纸部件积存纸尘而运转不灵等。这些严重污染不仅会影响打印质量, 还会造成打印机故障。对激光打印机的清洁维护有如下方法:

> 内部除尘的主要对象有齿轮、导电端子、扫描器窗口和墨粉传感器等, 在对这些设备进行除尘时可用柔软的干布对它们进行擦拭。

> 外部除尘时可使用拧干的湿布擦拭, 如

果外表面较脏，可使用中性清洁剂；但不能使用挥发性液体清洁打印机，以免损坏打印机表面。

◎ 在对感光鼓及墨粉盒用油漆刷除尘时，应注意不能用坚硬的毛刷清扫感光鼓表面，以免损坏感光鼓表面膜。

2 维护与保养移动存储设备

目前最主要的电脑移动存储设备包括U盘与移动硬盘，掌握维护与保养这些移动存储设备的方法，可以提高这些设备的使用可靠性，还能延长它们的使用寿命。

在日常使用U盘的过程中，用户应注意以下几点：

◎ 不要在U盘的指示灯闪得飞快时拔出U盘，因为这时U盘正在读取或写入数据，中途拔出可能会造成硬件和数据的损坏。

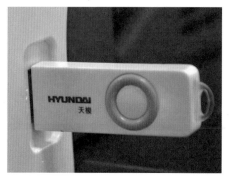

◎ 不要在备份文档完毕后立即关闭相关的

程序，因为那个时候U盘上的指示灯还在闪烁，说明程序还没完全结束，这时拔出U盘，很容易影响备份。所以在将文件备份到U盘后，应过一些时间再关闭相关程序，以防意外。

◎ U盘一般都有写保护开关，但应该在U盘插入电脑接口之前切换，不要在U盘工作状态下进行切换。

U盘写保护开关

◎ 在系统提示"无法停止"时也不要轻易拔出U盘，这样也会造成数据遗失。

◎ 注意将U盘放置在干燥的环境中，不要让U盘接口长时间暴露在空气中，否则容易造成表面金属氧化，降低接口敏感性。

◎ 不要将长时间不用的U盘一直插在USB接口上，否则一方面容易引起接口老化，另一方面对U盘也是一种损耗。

◎ U盘的存储原理和硬盘有很大的不同，不要整理碎片，否则影响使用寿命。

◎ U盘里可能会有U盘病毒，插入电脑时最好进行U盘杀毒。

移动硬盘与U盘都属于电脑移动存储设备，在日常使用移动硬盘的过程中，用户应注意以下几点：

💿 移动硬盘工作时尽量保持水平，无抖动。

💿 应及时移除移动硬盘，不少用户为了省事，无论是否使用移动硬盘都将它连接到电脑上，这样电脑一旦感染病毒，病毒就可能通过电脑的 USB 端口感染移动硬盘，从而影响移动硬盘的稳定性。

💿 尽量使用主板上自带的 USB 接口，因为有的机箱前置接口和主板 USB 接口的连接很差，这也是造成 USB 接口出现问题的主要因素。

💿 拔下移动硬盘前一定先停止该设备，复制完文件就立刻直接拔下 USB 移动硬盘很容易引起文件复制错误。下次使用时就会发现文件复制不全或损坏，有时候遇到无法停止设备，可以先关机再拔下移动硬盘。

💿 使用移动硬盘时要把皮套之类的影响散热的外皮全取下来。

💿 为了供电稳定，双头线尽量都插上。

💿 定期对移动硬盘进行碎片整理。

💿 平时存放移动硬盘时注意防水（潮）、防磁、防摔。

10.3 系统安全与维护

现如今，电脑病毒十分猖狂，而且更具有破坏性、潜伏性。电脑染上病毒，不但会影响电脑的正常运行，使机器速度变慢，严重的时候还会造成整个电脑彻底崩溃。本节主要介绍系统漏洞的修补与查杀病毒。

10.3.1 修补系统漏洞

系统本身的漏洞是重大隐患之一，用户必须及时修复系统漏洞。下面以 360 安全卫士修复系统漏洞为例进行介绍。

【例10-1】使用360安全卫士修补系统漏洞。🎬视频▶

01 打开【360 安全卫士】软件，在其主界面上单击【系统修复】按钮。

02 打开【系统修复】界面，单击【全面修复】按钮。

03 软件开始扫描电脑系统，并显示电脑系统中存在的安全漏洞。

04 扫描完成后，单击【一键修复】按钮。此时，软件进入修复过程，自行执行漏洞补丁的下载及安装。有时系统漏洞修复完成后，会提示重启电脑，单击【立即重启】按钮，重启电脑完成系统漏洞的修复。

10.3.2 查杀电脑中的病毒

电脑感染病毒是很常见的现象，但是当遇到电脑故障时，很多用户不知道电脑是否感染病毒，即便知道是病毒故障，也不知道该如何查杀病毒。下面以"360杀毒"软件为例，介绍查杀电脑中病毒的方法。具体操作如下：

【例10-2】使用360杀毒软件查杀电脑中的病毒。 ◎视频◎

01 打开"360杀毒"软件，单击【快速扫描】按钮。

02 软件只对系统设置、常用软件、内存及关键系统等进行病毒查杀。

03 查杀结束后，如果未发现病毒，软件会提示"本次扫描未发现任何安全威胁"。

04 如果发现安全威胁，选中威胁对象前对应的复选框，单击【立即处理】按钮，"360杀毒"软件将自动处理病毒文件。

知识点滴

另外，用户还可以使用全面扫描和自定义扫描，对电脑进行病毒检测与查杀。

05 处理完成后，单击【确认】按钮，完成本次病毒查杀。

06 "360 杀毒"软件提示"已成功处理所有发现的项目"，单击【立即重启】按钮。

10.3.3 Windows Defender

Windows Defender 是 Windows 10 自带的反病毒软件，不仅能够扫描系统，而且可以对系统进行实施监控、清除程序等操作。

1 启用 Windows Defender

单击【开始】按钮，在打开的【开始】菜单中，选择【Windows 系统】|【Windows Defender】选项，或者在 Cortana 中搜索 Windows Defender，即可打开 Windows Defender 程序。

在打开的 Windows Defender 程序界面中，单击【设置】按钮，打开【设置】对话框，将【实时保护】功能设置为【开】即可启用实时保护。

如果 Windows Defender 程序顶部颜色条为红色，则电脑处于不受保护状态，实时保护已被关闭，此时【实时保护】功能为【关】状态。

2 进行系统扫描

Windows Defender 主要提供了"快速"、"完全"、"自定义"3 种扫描方式，用户可以根据需要选择系统扫描方式。下面以"快速"扫描方式为例，具体操作步骤如下。

【例10-3】使用Windows Defender进行系统扫描。 ▶视频▶

01 打开 Windows Defender 程序,选中【快速】单选按钮,单击【立即扫描】按钮。

02 软件即开始对电脑进行扫描,单击【取消扫描】按钮,则停止当前系统扫描。

03 扫描完成后,即可看到电脑系统的检测情况。

3 更新 Windows Defender

在使用 Windows Defender 时,用户可以对病毒库和软件版本等进行更新,具体操作步骤如下:

【例10-4】更新 Windows Defender 软件。 ▶视频▶

01 打开 Windows Defender 程序,选中【快速】单选按钮,并打开【更新】选项卡,单击【更新定义】按钮。

02 软件即开始从 Microsoft 服务器上查找并下载最新的病毒库和版本内容。

10.3.4 Windows 10 防火墙

防火墙指的是由软件和硬件设备组合而成,在内部网和外部网之间、专用网与公共网之间的界面上构造的保护屏障,开启系统防火墙,可以保护电脑的网络安全。

Windows 防火墙集成于系统中,默认处于开启状态。如果要打开或关闭防火墙,可以按照以下步骤进行操作:

【例10-5】设置 Windows 防火墙 ▶视频▶

01 在搜索框中输入"防火墙"，在打开的搜索结果列表中选择【Windows 防火墙】选项。

知识点滴

如果没有打开其他防火墙，建议不要关闭 Windows 防火墙。关闭 Windows 防火墙可能会使电脑更容易受到蠕虫或黑客的侵害。

02 打开【Windows 防火墙】对话框，选择【启用或关闭 Windows 防火墙】选项。

03 打开【自定义各类网络的设置】对话框，即可设置启用或关闭防火墙，单击【确定】按钮。

10.4 备份与还原硬盘数据——Ghost

Norton Ghost(诺顿克隆精灵) 是美国赛门铁克公司旗下的一款出色的硬盘备份与还原工具，其功能是在 FAT16/32、NTFS、OS2 等多种硬盘分区格式下实现分区及硬盘数据的备份与还原。简单地说，Ghost 就是一款分区 / 磁盘克隆软件。本节将详细介绍使用 Ghost 软件备份与还原电脑硬盘分区与数据的方法。

10.4.1 认识 Ghost

Ghost 是一款技术上非常成熟的系统数据备份与恢复工具，拥有一套完备的使用和操作方法。在使用 Ghost 软件之前，了解该软件相关的技术和知识，有助于用户更好地利用它保护硬盘中的数据。

1 备份和恢复方式

针对 Windows 系列操作系统的特点，

Ghost 将磁盘本身及其内部划分出的分区视为两种不同的操作对象，并在 Ghost 软件内分别为其设立了不同的操作菜单。Ghost 针对 Disk(磁盘) 和 Partition(分区) 这两种操作对象，分别为其提供了两种不同的备份方式，具体如下：

Disk(磁盘)：分为 To Disk(生成备份磁盘) 和 To Image(生成备份文件) 两种备份方式。

🌕 Partition(分区)：一般可以分为 To Partition(生成备份分区) 和 To Image(生成备份文件) 两种备份方式。

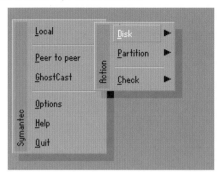

Ghost 针对 Disk(磁盘) 和 Partition(分区) 这两种操作对象，分别为其提供了两种不同的备份方式，具体如下表所示。

类型	优点	缺点	备份
Disk	备份速度较快	需要两块硬盘	备份磁盘的容量不小于源磁盘
	可压缩，体积小，易管理	备份文件体积较大	镜像文件不超过 2GB
Partition	备份速度快	需要第二个分区	备份分区的容量不小于源分区
	可压缩，体积小，易管理	备份速度较慢	镜像文件不能超过 2GB

2 启动 Ghost 软件

从 Ghost 9.0 以上版本开始，Ghost 具备在 Windows 环境下进行备份与恢复数据的能力，而之前的 Ghost 程序则必须运行在 DOS 环境中。

🌕 从 DOS 启动 Ghost(9.0 以下版本)：在 DOS 环境下，用户在进入 Ghost 程序所在的目录后，输入 Ghost 并按回车键即可启动 Ghost 程序。

🌕 Disk(磁盘)：分为 To Disk(生成备份磁盘) 和 To Image(生成备份文件) 两种备份方式。

🌕 从 Windows 启动 Ghost(9.0 以上版本)：在 Windows 环境中，可以通过双击 Ghost32 文件图标，启动 Ghost 程序。

10.4.2 复制、备份和还原硬盘

在利用 Ghost 程序对硬盘进行备份或恢复操作时，该程序对操作环境的要求是数据目的磁盘 (备份磁盘) 的空间容量应大于或等于数据源磁盘 (待备份磁盘)。通常情况下，Ghost 推荐使用相同容量的磁盘进行磁盘间的恢复与备份。

1 复制硬盘

利用 Ghost 程序复制硬盘的操作方法如下所示。

【例10-6】使用Norton Ghost工具复制电脑硬盘数据。

01 启动【Ghost】程序，在打开的【About Symantec Ghost】对话框中单击【OK】按钮。

02 进入软件界面，选择【Local】|【Disk】|【to Disk】命令。

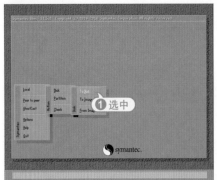

03 打开【Select local source drive by clicking on the drive number】对话框，Ghost 程序会要求用户选择备份源磁盘（待备份的磁盘）。在完成选择后，单击 OK 按钮。

04 打开【Select local destination drive by clicking on the drive number】对话框，选择目标磁盘（备份目标磁盘），单击【OK】按钮。

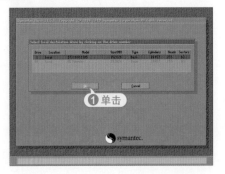

05 自动打开【Destination Drive Details】对话框，为了保证复制磁盘操作的正确性，Ghost 程序将会显示源磁盘的分区信息。确认无误后，单击【OK】按钮。

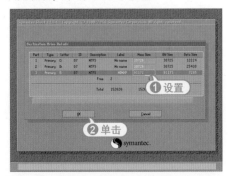

06 复制磁盘操作的所有设置已经全部完成，打开【Question】对话框，单击 Yes 按钮，Ghost 程序便将源磁盘内所有数据完全复制到目标磁盘中。

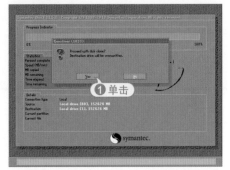

07 硬盘复制完成后，单击提示框中的【Continue】按钮，即可返回 Ghost 程序主界面。若单击【Reset Computer】按钮，则会重新启动电脑。

2 创建磁盘镜像文件

利用 Ghost 程序创建磁盘镜像文件的操作方法如下所示。

【例10-7】 使用 Norton Ghost 工具创建电脑磁盘镜像文件。

01 选择【Local】|【Disk】|【To Image】命令，创建本地磁盘的镜像文件。

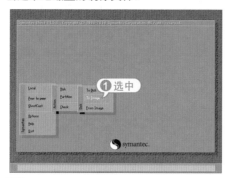

02 打开【Select local source drive by clicking on the drive number】对话框，选择要进行备份的源磁盘，单击【OK】按钮。

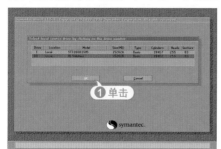

03 打开【File name to copy image to】对话框，选择镜像文件的保存位置后，在【File Name】文本框中输入镜像文件的名称，单击【Save】按钮。

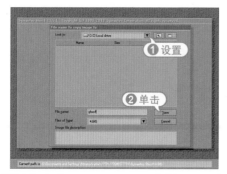

04 打开【Compress Image】提示框，询问用户是否压缩镜像文件。可以选择【NO

（不压缩）】、【Fast(快速压缩)】和【High（高比例压缩)】3个选项，这里单击【Fast】按钮。

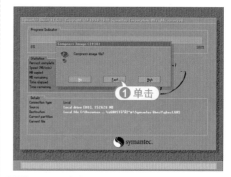

05 最后，在打开的对话框中单击【YES】按钮即可扫描源磁盘内的数据，以此来创建磁盘镜像文件。

进阶技巧

在镜像文件设置提示框中选择【NO】选项，将采用非压缩模式生成镜像文件，生成的文件较大，但由于备份过程中不需要压缩数据，因此备份速度较快；若选择【Fast】选项，将采用快速压缩的方式生成镜像文件，生成的镜像文件要小于非压缩模式下生成的镜像文件，但备份速度会稍慢。

3 还原磁盘镜像文件

利用 Ghost 程序还原磁盘镜像文件的操作方法如下。

【例10-8】使用Norton Ghost工具还原电脑硬盘数据。

01 选择【Local】|【disk】|【From Image】命令，创建本地磁盘的镜像文件。

02 打开【Image file name to restore from】对话框，选择要恢复的镜像文件，单击【Open】按钮。

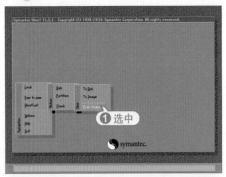

03 Ghost 程序将在打开的提示框中警告用户恢复操作会覆盖待恢复磁盘上的原有数据。在确认操作后，单击【Yes】按钮，Ghost 程序开始从镜像文件恢复磁盘数据。

进阶技巧

由于恢复对象不能是镜像文件所在的磁盘，因此 Ghost 程序会使用暗红色文字来表示相应磁盘，并且此类磁盘也会在用户选择待恢复磁盘时处于不可选状态。

10.4.3 复制、备份和还原分区

相对于备份磁盘而言，利用 Ghost 程序备份分区对于电脑的要求较少（无须第 2 块硬盘），方式也较为灵活。另外，由于操作时可选择重要分区进行有针对性的备份，因此无论是从效率还是从备份空间消耗上来看，分区的备份与恢复都具有极大的优势。

1 复制磁盘分区

利用 Ghost 程序复制磁盘分区的操作方法如下所示。

【例10-9】使用Norton Ghost工具复制磁盘分区。

01 选择【Local】|【Partition】|【To Partition】命令。

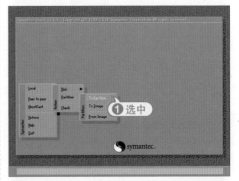

02 打开【Select local source drive by clicking on the drive number】对话框，选择待复制的磁盘分区所在的磁盘。

03 打开【Select source partition from basic drive:1】对话框，显示之前所选磁盘的详细分区信息，选择所要复制的分区后，单击【OK】按钮。

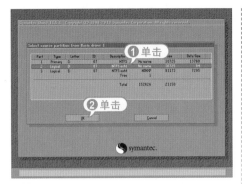

04 自动弹出【Select destination partition from basic drive:1】对话框，选择复制磁盘分区的目标硬盘，选择硬盘后，Ghost 将弹出目标硬盘的分区情况表。选择磁盘分区后，单击【OK】按钮。

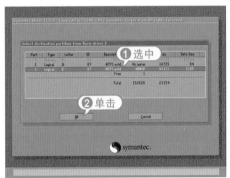

05 Ghost 程序将会提示用户是否开始复制分区，单击【Yes】按钮即可。

2 创建分区镜像文件

利用 Ghost 程序创建分区镜像文件的操作方法如下所示。

【例10-10】使用Norton Ghost工具创建分区镜像文件。

01 选择【Local】|【Partition】|【to image】命令，创建本地磁盘分区镜像文件

02 打开【Select source partition(s) from basic drive:1】对话框，选择需要备份的源分区，单击【OK】按钮。

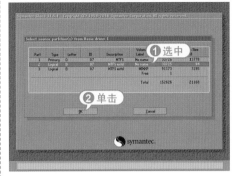

03 打开【File name to copy image to】对话框，在【File Name】文本框中输入镜像文件的名称，单击【Save】按钮。

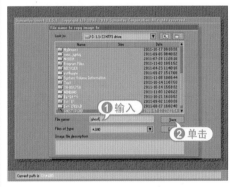

04 打开【Compress Image】提示框，单击【Fast】按钮。

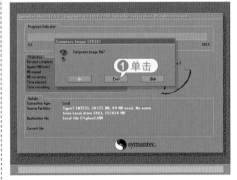

05 打开【Question】对话框，单击【Yes】按钮，开始创建分区镜像文件。

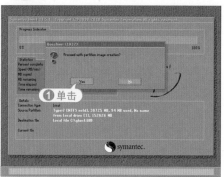

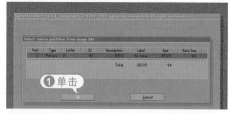

06 完成镜像文件创建后，在打开的提示框中单击【Continue】按钮。

3 还原分区镜像文件

利用 Ghost 程序还原磁盘分区镜像文件的操作方法如下。

【例10-11】使用Norton Ghost工具还原磁盘分区镜像文件。

01 选 择【Local】|【Partition】|【From Image】命令，恢复磁盘分区镜像文件。打开【Image file name to restore from】对话框，选中要恢复的磁盘分区镜像文件后，单击【Open】按钮。

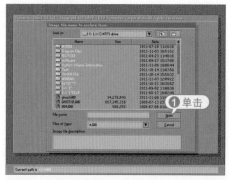

02 打 开【Select source partition from image file】对话框，为了帮助确认操作的正常性，Ghost 程序在打开的对话框中显示所选镜像文件的分区信息。

03 打 开【Select local destination drive by clicking on the drive number】对话框，单击 OK 按钮。

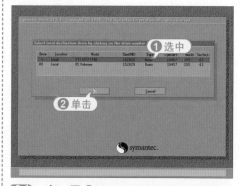

04 打 开【Select destination partition from basic drive：1】对话框，提示用户选择待恢复分区所在的磁盘，确定镜像文件无误后，用户在该对话框中选择一块硬盘后，单击【OK】按钮即可。

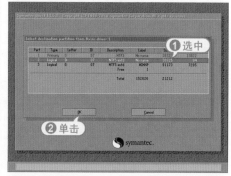

05 完成操作后，在打开的提示框中单击【Yes】按钮，Ghost 程序开始执行磁盘分区镜像文件的恢复操作。

10.5 进阶实战

本章的进阶实战介绍使用 Windows 系统工具备份与还原系统等综合练习，用户通过练习从而巩固本章所学知识。

10.5.1 使用系统工具备份系统

电脑在使用过程中可能会遇到各种各样的问题，为了解决这些问题，可以使用系统还原的方法。Windows 操作系统自带的备份与还原功能非常强大，下面介绍备份和还原电脑系统的方法。

1 开启系统还原功能

部分系统可能因为某些优化软件会关系系统还原功能，因此用户要想使用 Windows 系统工具备份和还原系统，需要先开启系统还原功能。

【例10-12】开启系统自带的还原功能 视频

01 右击桌面上的【此电脑】图标，在打开的快捷菜单中选择【属性】命令。

02 在打开的窗口中选择【系统保护】选项。

03 打开【系统属性】对话框，在【保护设置】列表框中选择系统所在分区，并单击【配置】按钮。

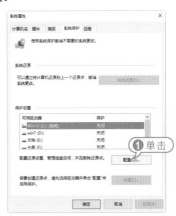

04 打开【系统保护 Win10】对话框，选中【启用系统保护】单选按钮，调整【最大使用量】滑块到合适的位置，然后单击【确定】按钮。

2 创建系统还原点

用户开启系统还原功能后，默认打开保护系统文件和设置的相关信息，保护系统。用户也可以创建系统还原点，当系统出现问题时，就可以方便地恢复到创建还原点时的状态。

【例10-13】创建系统还原点 📹 视频

01 右击桌面上的【此电脑】图标，在打开的快捷菜单中选择【属性】命令。

02 在打开的窗口中选择【系统保护】选项。

03 打开【系统属性】对话框，选择【系统保护】选项卡，然后选择系统所在的分区，单击【创建】按钮。

进阶技巧

可以创建多个还原点，因系统崩溃或其他原因需要还原时，可以选择还原点还原。

04 打开【创建还原点】对话框，在文本框中输入还原点的描述性信息，单击【创建】按钮。

05 即可开始创建还原点。

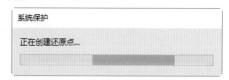

06 创建还原点的时间比较短，稍等片刻即可。创建完毕后，打开【已成功创建还原点】提示框，单击【关闭】按钮即可。

10.5.2 使用系统工具还原系统

在为系统创建好还原点之后，一旦系统遭到病毒或木马的攻击，使系统不能正常运行，这时就可以将系统恢复到指定的还原点。

下面介绍如何还原到创建的还原点，具体操作步骤如下：

【例10-14】使用系统工具还原系统 📹 视频

01 右击桌面上的【此电脑】图标，在打开的快捷菜单中选择【属性】命令。

02 在打开的窗口中选择【系统保护】选项。

03 打开【系统属性】对话框，选择【系统保护】选项卡，单击【系统还原】按钮。

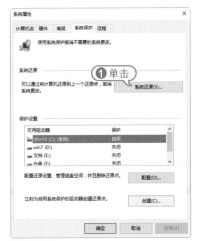

04 打开【还原系统文件和设置】对话框，单击【下一步】按钮。

05 打开【将计算机还原到所选事件之前的状态】对话框，该对话框里下方的列表框中显示了还原点。如果有多个还原点，建议选择距离出现故障时间最近的还原点还原即可，单击【下一步】按钮。

06 打开【确认还原点】对话框，单击【完成】按钮。

07 打开【启动后，系统还原不能中断。你希望继续吗？】提示框，单击【是】按钮。即可开始还原系统，完成后电脑会自动重启。

10.6 疑点解答

问：如何回退到 Windows 7 或 Windows 8.1 ？

答：如果要回退到升级到 Windows 10 系统前的 Windows 7 或 Windows 8.1 系统，要满足以下条件：

升级到 Windows 10 操作系统时产生的 $Windows~BT 和 Windows.old 文件夹仍保留，不能删除。

升级到 Windows 10 系统后，回退功能的有效期为一个月。

按【Win+I】组合键，打开【设置】对话框，单击【更新和安全】，选择【恢复】选项，在右侧的【重置此电脑】区域的【回退到 Windows 7】下单击【开始】按钮。

第11章

处理电脑常见故障

通过学习本章内容，读者可以了解电脑常见故障原因、电脑故障维修基本原则、电脑故障维修流程、电脑软硬件故障常用检测方法等技巧。采用正确的故障判断方法和维修手段，对于迅速找出故障的具体部位并妥善解决故障问题将大有好处。

11.1 电脑维修流程

电脑在运行过程中，经常会因为某些硬件故障或软件故障而死机或运行不稳定，严重影响工作效率。本节主要介绍电脑维修的流程。

11.1.1 了解电脑的启动过程

所谓启动过程，是指从给电脑加电到装载完操作系统的过程。启动过程涉及电脑系统软、硬件的一系列操作，对启动过程的了解，有助于我们在电脑发生故障时分析、判断产生故障的环节。下面介绍电脑的启动过程。

1 开机

按下电源就开始向主板和其他设备供电，在开机瞬间电压还不太稳定，主板上的控制芯片组向 CPU 发出并保持一个 Reset(重置)信号，让 CPU 内部自动恢复到初始状态。当芯片组检测到电源已经开始稳定供电了，便撤去 Reset 信号，CPU 马上从地址 FFFFOH 处开始执行指令，准备执行 BIOS 程序。

2 加电自检

接下来系统 BIOS 开始进行 POST (Power On Self Test，加电自检)，POST 的主要任务是检测系统中一些关键设备是否存在和能否正常工作，例如内存和显卡等设备。由于 POST 是最早进行的检测过程，此时显卡还没有初始化，如果系统 BIOS 在进行POST的过程中发现了一些致命错误，例如没有找到内存或者内存有问题，那么系统 BIOS 就会直接控制喇叭发声来报告错误，声音的长短和次数代表了错误的类型。在正常情况下，POST 过程进行得非常快，几乎无法感觉到它的存在，POST 结束之后就会调用其他代码来进行更完整的硬件检测。

3 检测显卡 BIOS

接着系统 BIOS 将查找显卡的 BIOS，并调用它的初始化代码，由显卡 BIOS 来初始化显卡，此时多数显卡都会在屏幕上显示出一些初始化信息，介绍生产厂商、图形芯片类型等内容，这个画面几乎是一闪而过的。系统 BIOS 接着会查找其他设备的 BIOS 程序，找到之后同样要调用这些 BIOS 内部的初始化代码来初始化相关的设备。

4 显示 BIOS 信息

查找完所有其他设备的 BIOS 之后，系统 BIOS 将显示出它自己的启动画面，其中包括系统 BIOS 的类型、序列号和版本号等内容。

5 检测 CPU、内存

接着系统 BIOS 将检测和显示 CPU 的类型和工作频率，然后开始检测所有的内容，并同时在屏幕上显示内存检测的进度。

6 检测标准设备

内存检测通过之后，系统 BIOS 将检测系统中安装的一些标准硬件设备，包括硬盘、光驱、串口、并口、键盘等。

7 检测即插即用设备

标准设备检测完毕后，系统 BIOS 将检测和配置系统中安装的即插即用设备，每找到一个设备之后，系统 BIOS 都会在屏幕上显示出设备的名称和型号等信息，同时为该设备分配中断、DMA 通道和 I/O 端口等资源。

8 显示标准设备的参数

所有硬件都已经检测配置完毕后，一般系统 BIOS 会重新清屏并在屏幕上方显示系统中安装的各种标准硬件设备，以及它们使用的资源和一些相关的工作参数。

9 按指定启动顺序启动系统

接下来系统 BIOS 将更新 ESCD (Extended System Configuration Data，扩展系统配置数据)。ESCD 是系统 BIOS 用来与操作系统交换硬件配置信息的一种手段，这些数据被存放在 CMOS 之中。通常 ESCD 数据只在系统硬件配置发生改变后才会更新，所以不是每次启动机器时都更新。ESCD 更新完毕后，系统 BIOS 会根据用户指定的启动顺序从软盘、硬盘或光驱启动。

10 执行 Io.sys 和 Msdos.sys 文件

以从硬盘启动为例，系统 BIOS 将读取并执行硬盘上的主引导记录，主引导记录接着从分区表中找到第一个活动分区，然后读取并执行这个活动分区的分区引导记录，而分区引导记录将负责读取并执行 Io.sys 和 Msdos.sys 系统文件，这时显示屏上将出现 Windows 的启动画面。

11 执行其他系统文件

执行 Config.Sys 文件，接着执行 Command.com 系统文件，然后执行 Autoexec.bat 系统文件。

12 读取 Windows 的初始化文件

接下来系统将读取 Windows 的初始化文件 "System.ini" 和 "Win.ini"，再读取注册表文件。

13 启动成功

最后启动结束，出现初始画面，运行操作系统。

11.1.2 电脑的故障分类

根据电脑系统的组成，可将电脑故障分为两大类：

1 硬件故障

硬件故障是指电脑的硬件电路发生损坏或性能不良引起的故障。硬件故障又包括元件及芯片故障、连线与接插件故障、部件引起的故障(制造工艺、电磁波干扰、机械等)。

2 软件故障

软件故障是指电脑硬件完好，而由于电脑系统配置不当、电脑病毒入侵或操作人员对软件使用不当等因素引起的电脑不能正常工作的故障。对电脑操作人员来说，系统故障停机是经常遇到的事情，其原因除少数是硬件质量问题外，绝大多数是由于软件故障。软件故障大致分为；软件兼容故障、系统配置故障、病毒故障、操作故障等。

11.1.3 电脑的故障处理顺序

当电脑出现故障后，首先不要手忙脚乱，要有条有理地逐步分析检测故障的原因，然后将它排除，具体处理顺序如下：

1 处理故障从简单做起

处理故障需从简单的事情做起，即先外后内，简单的事情指观察环境情况。

🔹 观察电脑周围的环境情况，包括位置、电源连接、其他设备、温度与湿度等。

🔹 观察电脑所表现的现象，包括显示的内容及与正常情况下的异同。

🔹 观察电脑内部的环境情况，包括灰尘、连接、器件的颜色、部件的形状、指示灯情况等。

🔹 观察电脑软硬件配置，包括安装了何种硬件，资源的使用情况，使用的是何种操作作系统，其上又安装了何种应用软件，以及硬件的设置驱动程序版本等。

从简单的事情做起，有利于精力的集中，有利于进行故障的判断与定位。一定要注意，必须通过认真地观察后，才可进行判断与维修。

2 根据现象先想后做

先想后做，包括以下几个方面：

- 先想好怎样做、从何处入手，再实际动手。也可以说是先分析判断，再进行维修。

- 对于观察到的现象，先尽可能地查阅相关的资料，看有无相应的技术要求、使用特点等，然后根据查阅到的资料，结合自己的知识经验进行分析判断，再进行维修。

- 在分析判断的过程中，要根据自身已有的知识、经验来进行判断，对于自己不太了解或根本不了解的，一定要向有经验的人咨询，寻求帮助。

3 判断故障时先软件后硬件

在判断大多数电脑故障时，必须先软件后硬件，即从整个维修判断的过程看，总是先判断是否为软件故障，先检查软件问题，当判断软件环境正常时，如果故障不能消失，再从硬件方面着手检查。

4 维修时抓主要矛盾

在维修过程中要分清主次，即抓主要矛盾。在出现故障现象时，有时可能会看到一台故障机不止有一个故障现象，而是有两个以上的故障，应该先判断、维修主要的故障现象。当主要故障修复后，再维修次要故障现象，有时可能次要故障现象已不需要维修了。

11.2 电脑故障排除方法

电脑故障是由电脑软、硬件某部分不能正常工作而造成的，迅速而准确地判断故障部件，找出故障的原因是维修电脑的关键步骤，要想准确地找出电脑故障的原因，则必须先弄清维修电脑的方法和思路。

11.2.1 观察法

观察不仅要认真，而且要全面。只能通过认真仔细的观察才能以最快速度判断出故障的原因。要观察的内容包括：周围的环境、硬件环境（包括接插头、座和槽等）、软件环境、用户操作的习惯、过程等。

11.2.2 软件诊断法

针对系统运行不稳定等故障，用专用的软件对电脑软件和硬件进行专业测试。通过反复测试得到的报告文件，可以轻松地找出运行不稳定引起的电脑故障，另外，通过检查操作系统的一些重要信息，也可以排除一小部分故障。

11.2.3 最小系统法

最小系统法是指从维修判断的角度，查看能使电脑开机或运行的最基本的硬件和软件环境，一般最小系统有以下两种形式；

1 硬件最小系统

电脑由电源、主板和 CPU 组成。在这个系统中，没有过多的信号线的连接，只有电源到主板的电源连接。在判断过程中是可以通过声音来判断核心组成部分是否可正常工作。

2 软件最小系统

这个最小系统主要用来判断系统是否可完成正常的启动与运行工作。软件最小环境有以下几点说明：

- 需要先保留原先的软件环境，只是在分析判断时，根据需要进行隔离（如卸载、屏蔽等）。保留原有的软件环境，主要是用来分析判断应用软件方面的问题。

- 硬盘中的软件环境，只有一个基本的操作系统环境，然后根据分析判断的需要，加载需要的应用。需要使用一个干净的操作系统环境，可判断系统问题、软件冲突或软、硬件间的冲突问题。

- 在软件最小系统下，可根据需要添加或更改适当的硬件。如在判断启动故障时，由于硬盘不能启动，想检查一下能否从其他驱动器启动。这时，可在软件最小系统下加入一个软驱或干脆用软驱替换硬盘来检查。又如：在判断音视频方面的故障时，应在软件最小系统中加入声卡；在判断网络问题时，应在软件最小系统中加入网卡等。

最小系统法，要先判断在最基本的软、硬件环境中，系统是否可正常工作，如果不能正常工作，即可判定最基本的软、硬件配件有故障，从而起到故障隔离的作用。

11.2.4 逐步添加 / 去除法

逐步添加法是指在最小系统的基础上，每次只向系统加一个硬件设备或软件，来检查故障现象是否消失或发生变化。

11.2.5 拔插法

拔插法是通过将芯片或卡类设备拔出或插入来找出故障原因的方法。采用该方法能迅速找到发生故障的部件，从而查到故障的原因。这是非常实用而有效的方法。

拔插法的基本做法是对故障系统依次拔出卡类的设备，每拔出一块，就开机测试电脑状态。一旦拔出某个卡类设备之后，电脑故障消失，那么就可以知道故障原因就在这个设备上，就可以针对该设备进行检查。

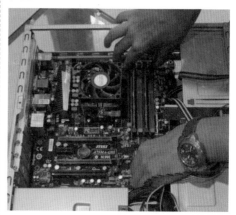

11.2.6 替换法

替换法是用好的配件去代替可能有故障的配件，以判断故障现象是否消失的一种维修方法。替换的顺序一般为：

- 根据故障的现象，来考虑需要进行替换的配件或设备。

- 按先简单后复杂的顺序进行替换。如先内存、CPU，后主板。

- 最先应检查连接线、信号线等，之后是替换怀疑有故障的设备，之后是替换供电设备，最后是与其相关的其他配件。

- 从配件的故障率高低来考虑最先替换的

设备。故障率高的配件先进行替换。

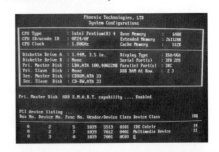

11.2.7 比较法

比较法和替换法比较类似，即是用好的配件与疑似有故障的配件进行外观、配置、运行现象等方面的比较，也可在两台电脑间进行比较，以判断故障电脑在环境设备、硬件配置方面的不同，从而找出故障部位。

11.2.8 加电自检法

针对不能正常运行或者黑屏的故障，用电脑 BIOS 的加电自检程序，初步诊断电脑的故障。如果电脑的某部分发生故障，则在 BIOS 加电自检后，电脑将在显示器出现错误信息或发出报警声。

11.2.9 安全模式法

安全模式法是指从 Windows 操作系统中的安全模式启动电脑对软件系统进行诊断的方法。安全模式法通常用来排除注册表故障、驱动程序损害故障、系统故障等。在用安全模式启动的过程中会对系统中的问题进行修复，启动后再退出系统重新启动到正常模式即可。

11.3 电脑故障维修方式

在维修电脑之前，需要了解电脑故障的情况，之后可以根据故障现象判断故障原因，最后再根据故障的原因进行维修。

11.3.1 了解电脑故障情况

在维修前需要了解故障发生前后的情况，进行初步的判断。如果可以知道故障发生前后电脑的运行情况和故障现象，将使维修效率及判断的准确性得到提高。

11.3.2 判断故障发生原因

先查看电脑的故障现象，根据故障现象对故障做初步判断、定位，再查找是否还存在其他的故障，最后找出产生故障的原因。

11.3.3 检修电脑排除故障

在维修过程中，应注意以下几点：
💡 维修时观察周围环境，包括电源环境、其他高功率电器、电/磁场状况、机器的布局、网络硬件环境、温湿度、环境的洁净程度、安放电脑的台面是否稳固，周边设备是否存在变形、变色、异味等异常现象。

🔘 注意电脑的硬件环境，包括机箱内的清洁度、温湿度，部件上的跳接线设置、颜色、形状、气味等。部件或设备之间的连接是否正常；有无错误或错接，有无缺针、断针等现象。

🔘 注意电脑的软件环境，包括系统中加载了何种软件、与其他软硬件是否有冲突或不匹配的地方；除标配软件及设置外，要观察设备、主板及系统等的驱动、补丁是否已安装。

🔘 在加电过程中元器件的温度、异味，是否冒烟烧焦等；系统时间是否正确等。

🔘 拆卸设备时要记录设备原安装状态和位置，要认真观察部件上元器件的形状、颜色，原始安装状态等情况。

🔘 在维修前，如果部件上灰尘较多，也有可能是灰尘引起的故障，应当先清理灰尘。

🔘 在进行维修判断的过程中，如可能影响到电脑内存储的数据，则要在维修前先做好备份数据的工作。

11.4　处理操作系统故障

　　虽然如今的 Windows 系列操作系统运行相对较稳定，但在使用过程中还是会碰到一些系统故障，影响用户的正常使用。

11.4.1　操作系统故障的原因

　　下面先分析导致 Windows 系统出现故障的一些具体原因，帮助用户理顺诊断系统故障的思路。

1　软件导致的故障

　　有些软件的程序编写不完善，在安装或卸载时会修改 Windows 系统设置，或者误将正常的系统文件删除，导致 Windows

系统出现问题。

软件与 Windows 系统、软件与软件之间也易发生兼容性问题。若发生软件冲突、与系统兼容的问题，只要将其中一个软件退出或卸载即可；若是杀毒软件导致系统无法正常运行，可以试试关闭杀毒软件的监控功能看看。此外，用户应熟悉自己安装的常用工具的设置，避免无谓的假故障。

2 病毒、恶意程序入侵导致故障

有很多恶意程序、病毒、木马会通过网页、捆绑安装软件的方式强行或秘密入侵用户的电脑，然后强行修改用户的网页浏览器主页、软件自启动选项、安全选项等设置，并且强行弹出广告，或者做出其他干扰用户操作、大量占用系统资源的行为，导致 Windows 系统发生各种各样的错误和问题，例如无法上网、无法进入系统、频繁重启、很多程序打不开等。

要避免这些情况的发生，用户最好安装 360 安全卫士，再加上网络防火墙和病毒防护软件。如果已经被感染，则使用杀毒软件进行查杀。

3 过分优化 Windows 系统

如果用户对系统不熟悉，最好不要随便修改 Windows 系统的设置。使用优化软件前要备份系统设置，再进行系统优化。

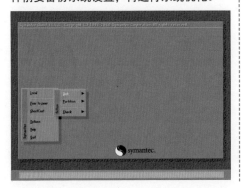

4 使用修改过的 Windows 系统

市面上有大量民间修改过的精简版 Windows 系统、GHOST 版 Windows 系统，这类被精简修改过的 Windows 系统普遍删除了一些系统文件，精简了一些功能，有些甚至还集成了木马、病毒，留有系统后门。

如果安装了这类的 Windows 系统，安全性是得不到保证的。建议用户安装原版 Windows 和补丁。

5 硬件驱动有问题

如果所安装的硬件驱动没有经过微软 WHQL 认证或者驱动编写不完善，也会造成 Windows 系统故障，比如蓝屏、无法进入系统、CPU 占用率高等问题。如果因为驱动的问题进不了系统，可以进入安全模式将驱动卸载掉，然后重装正确的驱动即可。

11.4.2 系统使用故障

本节将介绍在使用 Windows 系列操作系统时，可能会遇到的一些常见软件故障以及故障的处理方法。

1 不显示系统桌面

💡 故障现象：启动 Windows 操作系统后，桌面上没有任何图标。

💡 故障原因：大多数情况下，桌面图标无法显示是由于系统启动时无法加载 explorer.exe，或者 explorer.exe 文件被病毒、广告破坏。

💡 解决方法：手动加载 explorer.exe 文件，打开注册表编辑器，依次展开 "HKEY_LOCAL_MACHINE\SOFTWARE\Microsoft\WindowsNT\CurrentVersion\Winlogon\Shell"，如果没有，可以按照这个路径在 shell 后新建 explorer.exe。到其他电脑上复制 explorer.exe 文件到本机，然后重启电脑即可。

2 无法打开硬盘分区

💧 **故障现象**：用鼠标左键双击磁盘盘符打不开，只有右击磁盘盘符，在弹出的菜单中选择【打开】命令才能打开。

💧 **故障原因**：打不开硬盘主要从以下两方面分析——硬盘感染病毒；如果没有感染病毒，则可能是 Explorer 文件出错，需要重新编辑。

💧 **解决方法**：更新杀毒软件的病毒库到最新，然后重新启动电脑进入安全模式查杀病毒；接着在各分区根目录中查看是否有 autorun.ini 文件，如果有，手工删除。

3 无故系统重启

💧 **故障现象**：在使用电脑的过程中，Windows 系统总是无故重启。

💧 **故障原因**：造成此类故障的原因一般是驱动程序安装不正确（一般为显卡驱动安装不正确）。若 Windows 系统中安装的驱动程序不是微软数字签名的驱动或是非官方提供的驱动，就可能会发生严重的系统错误，从而引起电脑重新启动。

💧 **故障排除**：要解决此类故障，用户应获取正规的驱动程序并重新安装。

4 无法启动系统

💧 **故障现象**：电脑在开机启动时提示"系统文件丢失，无法启动 Windows 操作系统"。

💧 **故障原因**：系统文件损坏的原因较多，最有可能的原因是用户不小心删除了系统相关文件，或是操作错误损坏了 .dll、.vxd 等 Windows 系统文件。

💧 **故障排除**：要解决此类故障，用户可以利用 WindowsRE 修复系统。

5 无法删除文件

💧 **故障现象**：在删除某些文件时，提示无法删除。

💧 **故障原因**：该文件正被某个已启动的软件使用，或是已感染了病毒。

💧 **故障排除**：(1) 注销或重启电脑，然后删除。(2) 进入安全模式删除。(3) 在纯 DOS 命令行下使用 DEL、DELTREE 或 RD 命令删除文件。(4) 如果是因为文件夹中有比较多的子目录或文件而导致无法删除，可先删除该文件夹中的子目录和文件，再删除文件夹。(5) 在【任务管理器】中结束 explorer.exe 进程，然后在【命令提示符】窗口中删除文件。

6 Win+E 键无法打开资源管理器

💧 **故障现象**：安装和使用了某些优化软件后，按 Win+E 键无法正常打开资源管理器窗口。

💧 **故障原因**：这是因为优化软件修改了 Windows10 注册表中一些重要的选项，导致 Windows 10 调用该项时数据异常而出错。因此在安装软件之前，一定要先检查该软件能否在 Windows 10 上使用，如果不能使用就不要安装，以免出现稀奇古怪的故障。

💧 **故障排除**：运行"Regedit"命令，打开注册表编辑器，定位到【HKEY_CLASSES_ROOT】|【Folder】|【shell】|【explore】|【command】项，双击右边窗口中的【DelegateExecute】项（如果没有该项就新建一个，类型为字符串值），在打开的对话框中输入"{11dbb47c-a525-400b-9e80-a54615a090c0}"作为该项的值，重新启动后故障即可排除。

11.5 常见电脑软件故障

电脑中的软件多种多样，如果某个软件发生故障，用户应首先了解故障的原因，然后使用工具查找软件故障，并将故障排除。

11.5.1 常见办公软件故障

常用的办公软件为微软公司开发的Office系列软件，其中主要包括Word、Excel和PowerPoint等软件。下面介绍一些常见的办公软件故障和解决故障的具体方法。

1 Word文件打开缓慢

🔵 故障现象：打开一个较大的Word文档时，程序反应速度较慢，需要很长时间才能打开文档。

🔵 故障原因：造成此类故障的原因通常是由Word软件的"拼写语法检查"功能引起的。因为在打开文件时，Word软件的"拼写语法检查"功能会自动从头到尾对文档依次进行语法检查。如果打开的文档很大，Word软件就需要用很长的时间检查，同时占用大量的系统资源，造成文档打开速度相对较慢。

🔵 故障排除：用户可以通过关闭Word软件的"拼写语法检查"功能来解决此类故障。要关闭"拼写语法检查"功能，可以在启动Word软件后，选择【文件】|【选项】命令，打开【选项】对话框，然后选择【校对】选项卡，取消选中该选项卡中的【键入时检查拼写】、【键入时检查语法】和【随拼写检查语法】复选框即可。

2 Word文件打开故障

🔵 故障现象：打开Word文档时，软件无响应。

🔵 故障原因：使用Word软件打开一个文档时，将同时生成一个以"~$+原文件名"为名称的临时文件，并将这个文件保存在与原文件相同路径的文件夹中。若原文档所在的磁盘空间已满，将无法存放该临时文件，从而造成Word在打开文档时无响应。

🔵 故障排除：用户可以通过将Word文档移至其他磁盘空间更大的驱动器上，然后打开的方法来解决此类故障。

3 Excel文件打开故障

🔵 故障现象：双击文件扩展名为.xls的文件，系统提示需要指定打开的程序，并且使用其他软件无法打开该文件。

🔵 故障原因：文件扩展名为.xls的文件是使用Excel软件制作的表格文件，安装Office后无法打开此类文件的原因可能是没有完整安装Office中的Excel软件。

🔵 故障排除：要解决此类故障，用户可以启动Office卸载程序，然后重新安装或修复Excel软件。

4 PowerPoint无法播放声音

🔵 故障现象：使用PowerPoint软件制作幻灯片，将做好的幻灯片移至其他电脑上，无法播放制作时导入的声音文件。

🔵 故障原因：造成此类故障的原因是，PowerPoint导入的声音文件和影片文件都是以绝对路径的形式链接到演示文稿中的，更换了电脑后，就相当于文件的位置发生了变化，因此PowerPoint无法找到声音文件的源文件。

故障排除：用户可以利用 PowerPoint 软件的"打包"功能来解决此类故障。选择【文件】|【导出】|【将演示文稿打包成 CD】命令，打开【打包成 CD】对话框，然后在该对话框中添加需要打包的演示文稿和链接的声音、影片等文件，完成后单击【关闭】按钮即可。

11.5.2 常见工具软件故障排除

下面介绍一些电脑中安装的工具软件出现故障时解决问题的方法。

1 解压缩软件故障

故障现象：解压由 WinZip 压缩的文件时，系统提示："WinZip Self-Extractor header corrupt cause: bad disk or file transfer error"，并且无法正常执行文件。

故障原因：出现此类故障，表明解压的文件为 WinZip 自解压文件，并且文件名被修改过。

故障排除：将解压文件的文件名由 .exe 改为 .zip 即可解决此类故障。

2 压缩包出现故障

故障现象：解压从网络上下载的 RAR 文件时，系统打开一个提示框，警告"CRC 失败于加密文件（口令错误？）"。

故障原因：如果是密码输入错误导致无法解压文件，但压缩文件内有多个文件，并且有一部分文件已经被解压缩，那么应该是 RAR 压缩包循环冗余校验码 (CRC) 出错而不是密码输入错误。

故障排除：要想修复 CRC，压缩文件中必须有恢复记录，而 WinRAR 压缩时默认是不放置恢复记录的，因此用户无法自行修复 CRC 错误，只能与文件提供者联系。

3 切换输入法出现故障

故障现象：按 Ctrl+Space 组合键切换输入法状态时无法显示或隐藏输入法的状态栏。

故障原因：造成此类电脑故障的原因主要是在某一程序环境下切换出了输入法状态栏而没有将其关闭。

故障排除：只要再次切换到原来的环境中，关闭原输入法状态栏即可。

11.6 常见电脑硬件故障

电脑硬件故障包括电脑主板故障、内存故障、CPU 故障、硬盘故障、显卡故障、显示器故障、驱动器故障以及鼠标和键盘故障等电脑硬件设备所出现的各种故障。

硬件故障是指因电脑系统中的硬件系统部件中的元器件损坏或性能不稳定而引起的电脑故障。造成硬件故障的原因包括板卡故障、机械故障和存储器故障 3 种，具体如下：

板卡故障：板卡故障主要是由板卡上的元器件、接插件和印制板等引起的。例如，

主板上的电阻、电容、芯片等的损坏造成元器件故障；PCI 插槽、AGP 插槽、内存条插槽和显卡接口等的损坏造成接插件故障；印制电路板的焊锡被氧化、连线断裂、电磁信号干扰造成印制板故障。如果元器件和接插件出了问题，可以通过更换方法

排除故障，但需要专用工具。如果是印制板的问题，维修相对困难。

💧 **机械故障**：机械故障不难理解，比如硬盘使用时产生共振，硬盘、软驱的磁头发生偏转或者人为的物理破坏等。

💧 **存储器故障**：存储器故障是指因使用频繁等原因使外存储器磁道损坏，或因为电压过高造成的存储芯片烧掉等。这类故障通常也发生在硬盘、光驱、软驱和一些板卡的芯片上。

1 主板接口损坏

💧 **故障现象**：主板 COM 口或并行口、IDE 口损坏。

💧 **故障原因**：出现此类故障一般是由于用户带电插拔相关硬件造成的。

💧 **解决方法**：更换主板或使用多功能卡代替主板上受损的接口。

2 主板 BIOS 电池失效

💧 **故障现象**：BIOS 设置不能保存。

💧 **故障原因**：此类故障一般是由于主板 BIOS 电池电压不足造成，将 BIOS 电池更换即可解决该故障。若在更换 BIOS 电池后仍然不能解决问题，则有以下两种可能：主板电路问题，需要主板生产厂商的专业主板维修人员维修；主板 CMOS 跳线问题，或者因为设置错误将主板上的 BIOS 跳线设为清除选项，使得 BIOS 数据无法保存。

💧 **解决方法**：更换主板 BIOS 电池或更换主板。

3 设置 BIOS 时死机

💧 **故障现象**：在 BIOS 设置时出现死机现象。

💧 **故障原因**：在 BIOS 设置界面中出现死机故障，原因一般为主板或 CPU 存在问题。若按下面介绍的方法无法解决故障，就只能通过更换主板或 CPU 排除故障。在死机后触摸 CPU 周围主板元件，如果发现温度非常高而且烫手，就更换大功率的 CPU 散热风扇。

💧 **解决方法**：更换主板、CPU、CPU 风扇，或者为 CPU 更换散热硅胶。

4　CPU 降温问题

📌 故障现象：开机后发现 CPU 频率降低，显示信息为"Defaults CMOS Setup Loaded"，并且重新设置 CPU 频率后，该故障还时有发生。

📌 故障原因：这是由于主板电池出了问题，CPU 电压过低。

📌 解决方法：关闭电脑电源，更换主板电池，然后在开机后重新在 BIOS 中设置 CPU 参数。

5　CPU 松动问题

📌 故障现象：检测不到 CPU 而无法启动电脑。

📌 故障原因：检查 CPU 是否插入到位，特别是采用 Slot 插槽的 CPU 安装时不容易到位。

📌 解决方法：重新安装 CPU，并检查 CPU 插座的固定杆是否固定完全。

6　内存接触不良

📌 故障现象：此类故障一般是由于内存与主板插槽接触不良造成的。

📌 故障原因：内存条的金手指镀金工艺不佳或经常拔插内存，导致金手指在使用过程中因为接触空气而出现氧化生锈现象，从而导致内存与主板上的内存插槽接触不良，造成电脑在开机时不启动并发出主板

报警的故障。

📌 解决方法：重新安装内存。

7　硬盘电源线故障

📌 故障现象：系统不认硬盘（系统从硬盘无法启动，使用 CMOS 中的自动检测功能也无法检测到硬盘）。

📌 故障原因：这类故障的原因大多在硬盘连接电缆或数据线端口上，硬盘本身故障的可能性不大，用户可以通过重新插接硬盘电源线或更换数据线检测该故障的具体位置。如果电脑上安装的新硬盘出现该故障，最常见的故障原因就是硬盘上的主从跳线被错误设置。

📌 解决方法：在确认硬盘主从跳线没有问题的情况下，用户可以通过更换硬盘电源线或数据线解决此类故障。

8　显示的画面晃动

📌 故障现象：在启动电脑时，发现进入操作系统后，电脑显示器屏幕上有部分画面及字符会出现瞬间微晃、抖动、模糊后，又恢复清晰显示的现象。这一现象会在屏幕的其他部位或几个部位同时出现，并且反复出现。

📌 故障原因：如果调整显卡的驱动程序及一些设置，均无法排除该故障。接下来判断电脑周围有电磁场在干扰显示器的正常显示。仔细检查电脑周围，是否存在变压器、大功率音响等干扰源设备。

📌 解决方法：让电脑远离干扰源。

9　显示花屏

📌 故障现象：在某些特定的软件里面出现花屏现象。

📌 故障原因：软件版本太老不支持新式显卡或是由于显卡的驱动程序版本过低。

📌 解决方法：升级软件版本与显卡驱动程序。

11.7 进阶实战

本章的进阶实战部分包括解决常见电脑光驱故障的综合实例操作，用户可以通过练习巩固本章所学的知识。

1 光驱仓盒失灵

🔹 故障现象：光驱的仓盒在弹出后立即缩回。

🔹 故障原因：这种故障的原因是光驱的出仓到位判断开关表面被氧化，造成开关接触不良，使光驱的机械部分误认为出仓不顺，在延时一段时间后又自动将光驱仓盒收回。解决故障的办法是在打开光驱后用水砂纸轻轻打磨出仓控制开关的弹簧片。

🔹 解决方法：清洁光驱出仓控制开关上的氧化层。

2 光驱仓盒无法弹出

🔹 故障现象：光驱的仓盒无法弹出或很难弹出。

🔹 故障原因：导致这种故障的原因有两个，一是光驱仓盒的出仓皮带老化；二是异物卡在托盘的齿缝里，造成托盘无法正常出仓。

🔹 解决方法：清洗光驱或更换光驱仓盒的出仓皮带。

3 光驱不读盘

🔹 故障现象：光驱的激光头虽然有寻道动作，但是光盘不转，或者虽有转的动作但是转不起来。

🔹 故障原因：光盘伺服电机的相关电路有故障。可能是伺服电机内部损坏（可找同类型的旧光驱的电机更换），驱动集成块损坏（出现这种情况有时会出现光驱一找到盘，只要光驱一转电脑主机就启动，这也是驱动 IC 损坏所致），也可能是柔性电缆中的某根断线。

🔹 解决方法：更换光驱。

4 光驱丢失盘符

🔹 故障现象：电脑使用一切正常，可是突然在【此电脑】窗口中无法找到光驱盘符。

🔹 故障原因：该故障大多是由于病毒或者丢失光驱驱动程序造成的。

🔹 解决方法：使用杀毒软件清除病毒。

11.8 疑点解答

🔹 问：成功安装了软件，但是却不能运行软件，该如何处理？

答：软件不能运行的常见故障有如下几种。

🔹 程序冲突：软件的运行同样受程序的影响，当系统存在与之相冲突的程序时，不能运行该软件，这时减小系统实时运行的程序或关闭冲突程序即可。

🔹 内存不足：在内存不足且运行的程序过多时运行软件，如出现无法打开软件时，可结束一些不重要的程序。

🔹 硬件配置过低：硬件的配置过低会影响软件的运行，对于这种情况可以升级系统硬件，软件即可正常运行。

🔹 感染病毒：当软件被病毒感染后会导致其不能运行，这时可使用杀毒软件对病毒进行查杀，软件即可正常运行。